なぞとき

深海1万メートル

暗黒の「超深海」で起こっていること

生俊敬 Gamo Toshitaka
川かおる kawa Kaoru
［著］

講談社

カバーイラスト：カモシタハヤト
本文イラスト：株式会社ウエイド

はじめに

自然界の謎に挑むサイエンスの世界には、まさに日進月歩という言葉がふさわしい。つい数十年前には、とても手をつけることのできなかった数々の難題が、新しい理論や観測技術の革新によって次々と解き明かされていることに驚くばかりだ。海洋も例外ではない。物理、化学、生物、地学、さまざまな研究分野にまたがって、海のサイエンスは着実に進展し、近年ますますおもしろさを倍加している。

このごろとくに注目される海といえば、海面からは決して見えず、簡単に行くこともできない深海、さらに深度6000メートルを超えるような超深海ではないだろうか。なぜ、そんなに深いのか、そこにはどんな風景が広がり、どのような海水があり、そしてどんな生物がいるのか（いないのか）。そんなわくわくする謎に引き寄せられるように、数多くの探検家や研究者が深海・超深海へと向かい、さまざまな観測研究が実施されてきた。国境を越えた議論が活発に交わされ、論文や解説記事も次々と公表されている。

本書は、そのような魅力あふれる深海・超深海の世界を、ぜひ一般の人々にも知ってほしいと願い、最近の興味深い話題を選び、わかりやすくまとめたものである。

ところで、本書がいま出版されるにいたったモチベーションをふたつあげておきたい。

ひとつは日本列島の地理的な位置づけから来ている。当たり前のことだが、われわれの住む日本列島は四方を海に囲まれている。陸から遠ざかるほど、海はぐんぐん深くなっていく。とくに太平洋側に目を向ければ、3000メートル、5000メートルと、富士山の標高を軽く超えてしまう深い海底だらけだ。いや、さらに深く、1万メートルクラスの超深海あるいは海溝が、日本列島のすぐ近くにはいくつも連なっている。

第1章でくわしく述べるが、わが国は世界のどの国よりも深海、とくに超深海と縁が深い。その裏づけは、国連海洋法条約で設定されたわが国の排他的経済水域（EEZ）にある。この条約がわが国で発効した1996年以来ちょうど四半世紀になるが、わが国の管轄するEEZが体積（つまり海水の量）にして世界4位であること、そして水深6000メートル以深の超深海に限れば世界1位であることを、ぜひ強調しておきたい。そんなものすごい地理的環境に住む民族として、われわれは深海・超深海のサイエンスにもっと目を向け、知識を増やし、かつ楽しむべきではないだろうか。

もうひとつのモチベーションは、探査技術という観点からきている。超深海の調査研究に必要なインフラのひとつに、1万メートル以上潜れるフルデプスの有人潜水船があげられる。海底に潜り、研究対象に肉眼で向かい合うことの重要性は改めて言うまでもない。だが、1000気圧の水圧に耐えられる潜水船の建造は容易でなく（技術的には可能だがお金がかかる）、ごく最近まで世界でわずかに3隻（「トリエステ号」、「アルシメード号」、および「ディープシー・チャレンジャー号」）が知られるのみであった。わが国の誇る「しんかい6500」でも1万メートルまでは潜れない。

ところが2018年頃から状況が急に変わりはじめた。第4章で述べるように、まずアメリカで「リミティング・ファクター号」、2020年末には中国で「奮闘者号」と、2隻のフルデプス潜水船が登場した。そして両潜水船とも、世界最深のマリアナ海溝チャレンジャー海淵（最大深度1万920メートル）への科学的な潜航を、すでに何度も実施している。これらの潜水船の実用化は、今まさに超深海の科学が、革命的とも呼ぶべき急成長の時代に突入しつつあることを強く感じさせる。

わが国における国連海洋法発効から25年、そして世界で相次ぐフルデプス潜水船の運航開始というタイミングに合わせて、われわれにとりわけ縁の深い深海・超深海の魅力を、本書で幅広く紹介したいと願っている。さらに、この研究分野の振興に多少とも貢献することができれば、著者としてこれ以上の喜びはない。

なぞとき　深海1万メートル◉目次

第3章

第4章

第1章

海はどこまで深いのか？——深海・超深海への招待

深海にまつわる不思議や謎についてお話しするための導入部として、本章では、そもそも海とはどのような存在なのか、どんな形をしているのか、深海や超深海（海溝）とはどう定義されるのか、そして海溝はどこにあるのかなど、ごく基本的な海の姿を俯瞰《ふかん》してみよう。「海は広いな、大きいな」の世界を、具体的に肉づけしてみたい。すでに海をよく知っている方々は、ざっと、とばし読みしていただいてかまわない。

地球の海の話であるから、本書で取り上げる内容は世界中の国々（とくに海に面している国々）に当てはまる。ただし、本書が日本語で書かれていることに少しだけこだわり、本章の最後で、われわれの住む日本列島が、深海や超深海にとりわけ縁の深いことに触れておきたい。第2章以降でご紹介する深海の話題を、より身近なものに感じていただけるのでは、との期待を込めて。

「水の惑星」というより「海の惑星」

地球は、太陽系で唯一「水の惑星」と呼ばれる。これは、地球表面に液体の水が豊富に存在するためである。この水のほとんど（97パーセント以上）は海水だ。その一部が蒸発し、真水の雨となって陸上に降る。その水のおかげで、われわれ人類をはじめ陸上の生物は命をつないでいる。

世界地図や地球儀をじっくり眺めてみよう。当たり前のことだが、地球の表面には陸と海があ

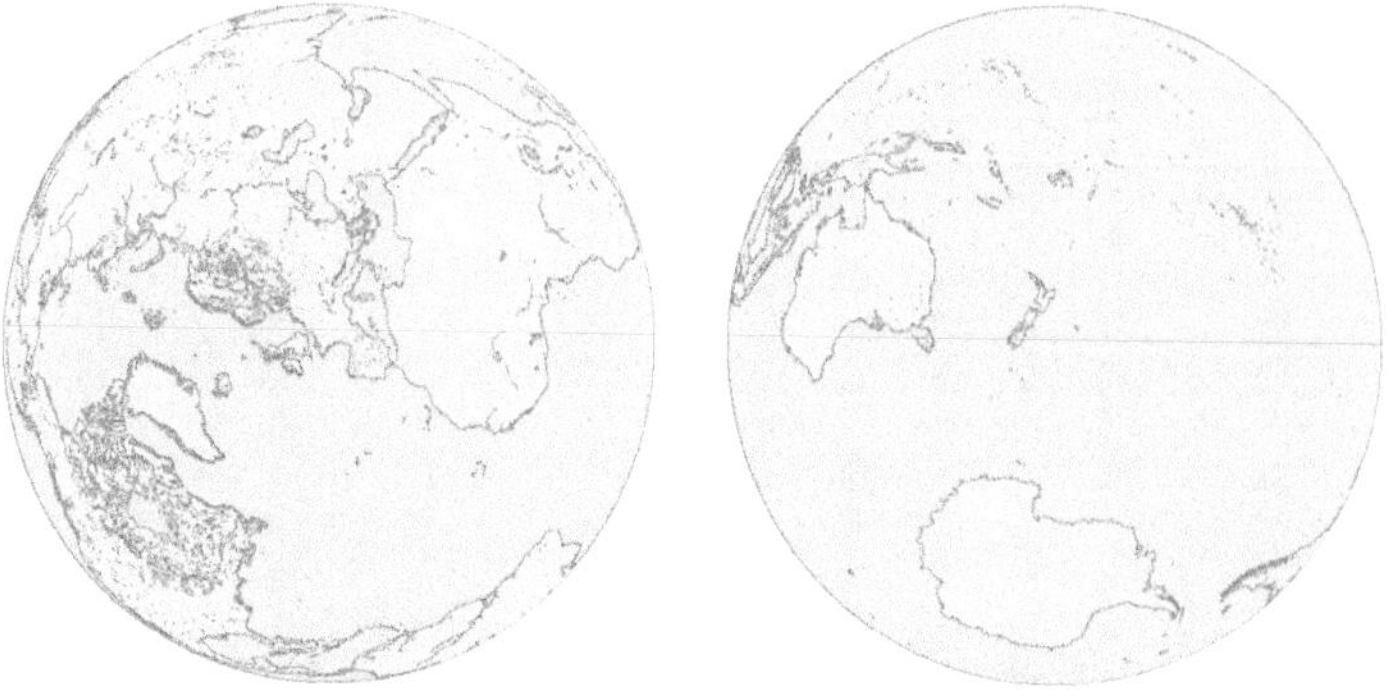
(a)　(b)

［図1.1］ **陸半球（a）と水半球（b）**

る。われわれは陸の上に住み、さまざまなものに触れ、眺め、踏みしめ、その気になれば地球の裏側まで旅行できる。個人的な活動から国際社会の協調や軋轢《あつれき》にいたるまで、さまざまな出来事のほとんどが陸の上で起こる。陸のほうが、はるかになじみが深いので、われわれはふだん陸の地図しか見ない。

しかし、海と陸との面積を比べると、海のほうがずっと広い。陸の総面積が1億４７００万平方キロメートルであるのに対し、海は3億６３００万平方キロメートルもある。つまり地球表面で陸の占める割合は29パーセントにすぎず、残りの71パーセントは海ということになる。陸と陸との間に海がある、と言うよりは、海のところどころに陸が顔を出している、と言ったほうが現実に近い。

ドイツの地理学者アルブレヒト・ペンク（１８５８—１９４５）は、陸半球・水半球というユニークな地球像を呈示した。地球をさまざまな方向から眺めたとき、陸の含まれる割合が最も大きくなる地球の半球を陸半球（図1・1ⓐ）、その反対側を水半球（図1・1ⓑ）と呼ぶのである。陸半球では、陸と海の面積は拮抗するが、それでも51対49で海のほうが少し広い。水半球では、89対11と圧倒的に海が広い。

「水の惑星」地球は、正確には「海の惑星」と呼んだほうがよさそうだ。さて、われわれはその海についてどこまで知っているだろうか？　とくに海の内部、人類がほとんど見たことのない深海は、いったいどんな世界なのだろうか？　まずは、海の地形をくわしく見ていくこととしよう。

海はどんな地形をしているか

2次元的な海の形状（海岸線によって陸と区別されるもの）は、図1・1や地球儀などを見ればだいたいわかる。またネットを検索すれば、人工衛星が宇宙空間から撮影した地球の写真（ブルー・マーブル）を見ることもできる。

人工衛星に搭載された高性能カメラは、陸なら凹凸までくっきり撮影できるが、海で写せるのはその表面だけである。しかし実際の海には深さがある。海底の凹凸、すなわち3次元的に見た海の形状とは、どのようなものだろうか。

海面上から海の内部を覗《のぞ》き込んでも、ごく浅い海を除き、海底面の形状を海面から直接見透かすことは、残念ながらできない。水は光を通しにくく、また海水は細かい粒子で濁っているためである。われわれが海の中に飛び込んでみても、直接体験できる海の世界は限られている。スキューバダイビングで潜れるのは、せいぜい深さ数十メートルまでだ。その先——より深いところ——には、高い水圧のため生身の人体は適応できない。浅く平坦な地形が続くのか、それとも想像を絶する深淵へと落ち込んでいくのか、直接確認することはできない。

しかし第2章でくわしく取り上げるように、長いロープや音響機器を用いて、間接的に海の深さを知る方法がある。そして海底の地形をくわしく知りたいと願う人々の絶え間ない努力によって、現在では、陸上ほどではないが、かなり詳細な海底地形が明らかにされてきた。それをまずおおまかに俯瞰してみよう。

図1・2は、海から海水をすべて取り除いたとしたら、どんな海底面が顔を出すかを立体的に示している。凹凸がかなり強調して描かれているので、複雑な地形の起伏をひと目で実感できるだろう。海底は決してのっぺりした平坦面が続くものではなく、陸上と同じように山あり谷あり、起伏に富む複雑な地形の広がっていることがよくわかる。

海底から聳《そび》える山の代表格は、3大洋（太平洋、大西洋、インド洋）に張り巡らされた**中央海嶺**だ。図1・2においてちょうど野球ボールの縫い目のように、やや黒ずんで見える海底山脈の連なりである。山頂部の深さは2000～3000メートル程度で、代表的な中央海嶺として、大西洋のほぼ真ん中を北から南へ続く大西洋中央海嶺、インド洋を逆Y字形に分断しているインド洋中央海嶺、南極大陸に沿った南極海嶺、そして太平洋には、その東側に偏って南北に延びる

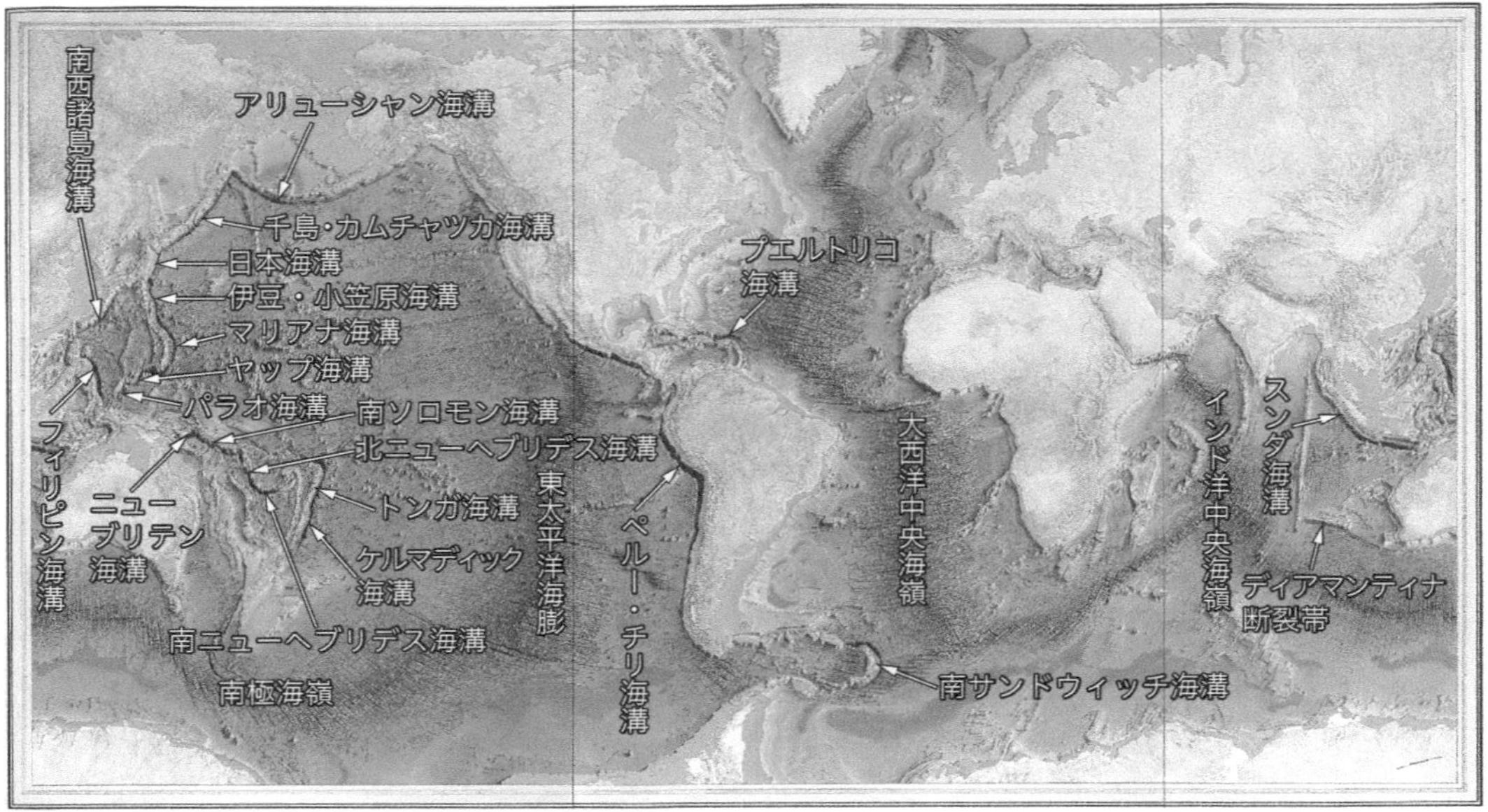

[図1.2] **世界の主要な中央海嶺と海溝**

海底地形は米国コロンビア大学のヒーゼンとサープによる

東太平洋海膨《かいぼう》（東太平洋海嶺とも呼ぶ。山体の傾斜がほかの海嶺に比べてゆるやかであることから、ここでは海膨の呼称が一般に用いられている）がある。これら中央海嶺のほかにも、海台と呼ばれる海底の盛り上がりや、点々と散らばる海山が図1・2のあちこちに見て取れる。

逆に、海底の凹んだ部分として、**海溝**と呼ばれる細長い溝があちこちに見える。西太平洋の周辺部にとくに多い。たとえば日本近海の千島・カムチャツカ海溝、日本海溝、伊豆・小笠原海溝、マリアナ海溝、ケルマディック海溝など、北から南へ直線、あるいは弧を描いて分布している。東太平洋にもペルー・チリ海溝、大西洋にプエルトリコ海溝、インド洋にスンダ海溝などがある。

表1・1は、世界中の海溝を最深点が深い順に並べ、最深点の位置情報とともに示したものである。世界で最も深い海底は、第2章でくわしく述べるようにマリアナ海溝のチャレンジャー海淵《かいえん》（**海淵**とは、海溝の内部のとくに深い凹地のこと）で、最深点では1万920メートルもの深さがある。海溝（最大深度）ベスト10は、すべて西太平洋で占められている。

なぜ、西太平洋には深い海溝が集中しているのだろうか。その理由は、太平洋の海底の動きに絡めて考える必要があるので、もう少しあとで述べよう。

以上のような目立った凹凸部――海溝、中央海嶺、海台、海山など――を除くと、海洋底はおおむね平坦で、深さ4000〜6000メートルの深海平原が延々と続いている。

［表1.1］ 世界の海洋最深部ベスト20

主としてJamieson (2015)および『理科年表2020』にもとづく。最近の新しいデータも一部取り入れている

	海溝名	海域	最大深度と位置		
			深度(m)	緯度	経度
1	マリアナ海溝	西太平洋	10,920	11°23' N	142°25' E
2	トンガ海溝	西太平洋	10,823	23°15' N	174°45' W
3	フィリピン海溝	西太平洋	10,540	10°13' N	126°41' E
4	ケルマディック海溝	西太平洋	10,177	31°56' S	177°19' W
5	伊豆・小笠原海溝	西太平洋	9,780	29°28' N	142°42' E
6	千島・カムチャツカ海溝	西太平洋	9,604	45°10' N	152°41' E
7	北ニューヘブリデス海溝	西太平洋	9,174	12°11' S	165°46' E
8	ニューブリテン海溝	西太平洋	8,844	7°01' S	149°10' E
9	南ソロモン海溝	西太平洋	8,641	11°17' S	162°49' E
10	日本海溝	西太平洋	8,412	36°05' N	142°45' E
11	プエルトリコ海溝	大西洋	8,376	19°43' N	67°19' W
12	ヤップ海溝	西太平洋	8,292	8°24' N	137°55' E
13	南サンドウィッチ海溝	大西洋・南極海	8,266	55°14' S	26°10' W
14	パラオ海溝	西太平洋	8,021	7°48' N	134°59' E
15	ペルー・チリ海溝	東太平洋	7,999	23°22' S	71°21' W
16	アリューシャン海溝	北太平洋	7,669	50°53' N	173°28' W
17	南西諸島（琉球）海溝	西太平洋	7,531	24°31' N	127°22' E
18	スンダ海溝	インド洋	7,192	11°08' S	114°57' E
19	南ニューヘブリデス海溝	西太平洋	7,156	23°04' S	172°09' E
20	ディアマンティナ断裂帯	インド洋	7,019	33°38' S	101°21' E

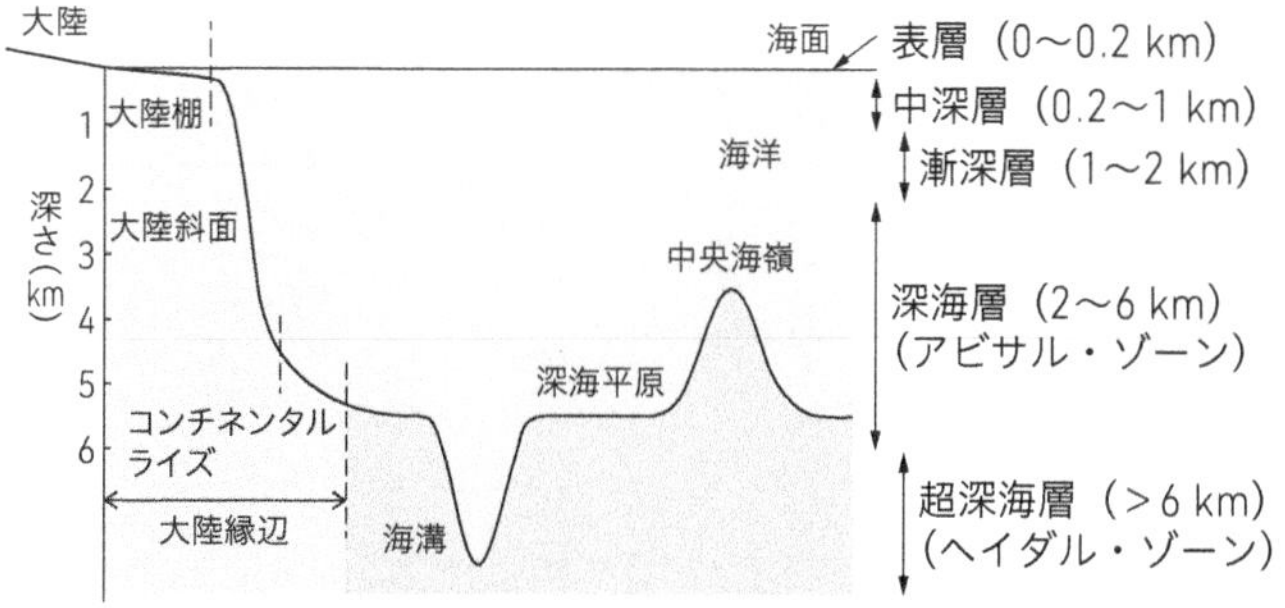

［図1.3］**大陸縁辺から深海底に続く一般的な海底地形断面**
深度による層区分は、ピネ（2010）に準拠している

深さによる海水層の区分け

深海の地形についての話が先行してしまったが、海にはもちろん浅い部分もある。陸に接し、海水浴ができるような波打ち際から、大陸棚と呼ばれる大陸周辺の浅い海（一般に深さ約200メートル以内）、大陸斜面およびコンチネンタルライズを経て、平坦な深海平原（深さ4000〜6000メートル）へと続いていく。深海平原のところどころに、中央海嶺や海溝が存在する。

このような地形の連なりは、図1・2からもおおまかに見て取ることはできるが、もっとわかりやすく拡大した断面図を**図1・3**に示す。

水深が200メートルを超えると、肉眼ではほとんど真っ暗になる（厳密に計測すると、ごくわずかではあるが、太陽光は水深1000メートル付近までは到達している）。生物相もそこで大きく変化することから、深度200メートルに境界線を引き、それ以浅を**表層**、以深を**深層**と呼ぶことが多い。

水深200メートルで表層と深層とに大別するほか、図1・3の右側に記入したように、深層はさらにいくつかの層に分けることができる。浅いほうから順に、**中深層**（200〜1000メートル）、**漸深層**（1000〜2000メートル）、**深海層**（2000〜6000メートル）、および**超深海層**（6000メートル以深）である。なお、深海層と超深海層との境目として水深6500メートルをとることもあるが、本書では、きりのよい水深6000メートルを用いることとする。

世界中の海の深さを平均すると3700〜3800メートルになる。いっぽう陸の高さは、世界最高峰エベレスト（標高：8848メートル）のような屹立《きつりつ》部もあるが、平均すると約800メートルしかない。つまり陸の出っぱりより、海の凹みのほうがはるかに大きい。面積も海のほうが広いのであるから、陸をそっくり削って海へ運び入れても、海を埋め立てることはできない。

地球表面は2段構造――大陸と深海底

海の深さが陸の高さを凌《しの》いでいることを、もう少しくわしく見てみよう。陸と海の面積分布を、高度（または深度）別にヒストグラムで表してみると、おもしろいことがわかる。

図1・4がそれだ。ここでは海水準を0として、陸上については海抜0〜1キロメートル、1

〜2キロメートルのように1キロメートルごとに高度を区切り、それぞれの高度範囲に含まれる陸の面積の合計が、地球の全表面積に占める割合を示している。海洋についても同じように、深度を1キロメートルごとに区切り、それぞれの深度範囲に含まれる海底面積の合計が、地球の全表面積に占める割合が示されている。

図1・4が、明らかに2つのピーク――海抜0〜1キロメートルの陸上と、深度4〜5キロメートルの深海底――をもつことに注目しよう。陸上と海底とが、きれいな2段構造をしていると言い換えてもよい。このような地形構造は地球独特のもので、太陽系で地球と隣り合う金星や火星、あるいは地球の衛星である月では見ることができない。

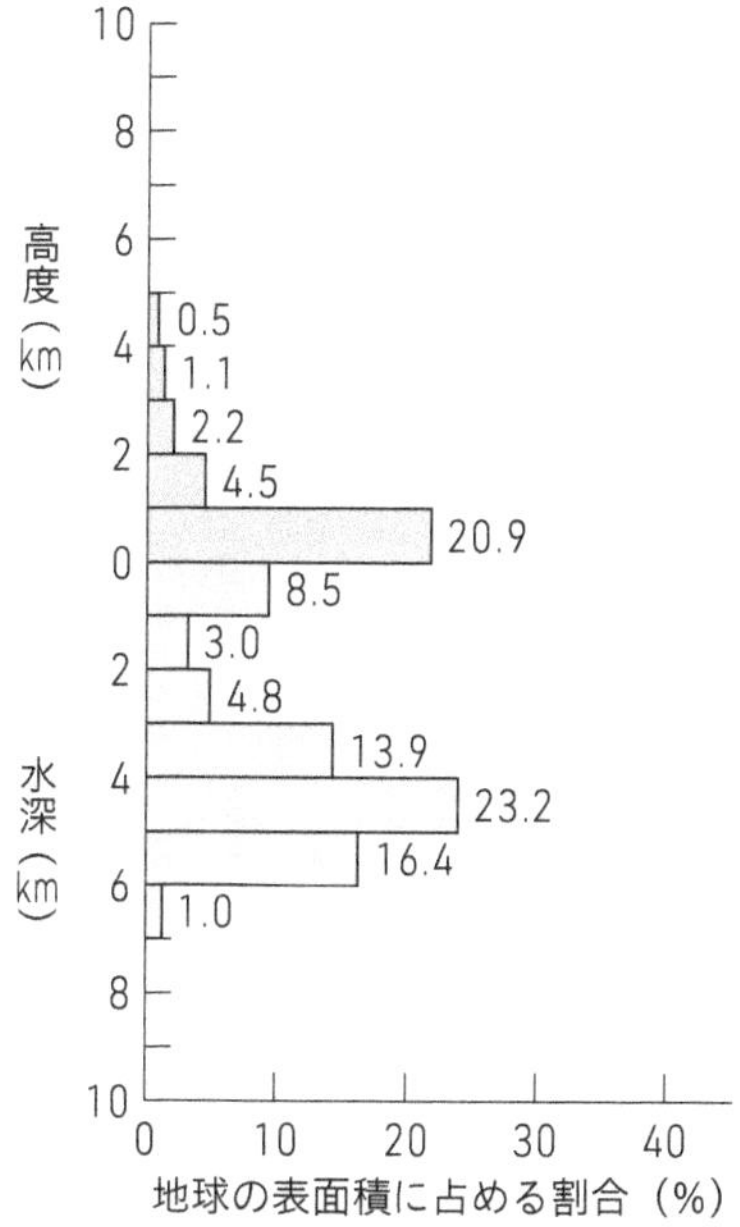

［図1.4］ **陸の高度と海洋の深度の頻度分布**
The Open University（1989）による

なぜ地球にだけ、このような2段構造があるのだろうか。その原因は、大陸の**地殻**を構成する岩石と、海洋の地殻を構成する岩石との性質が大き

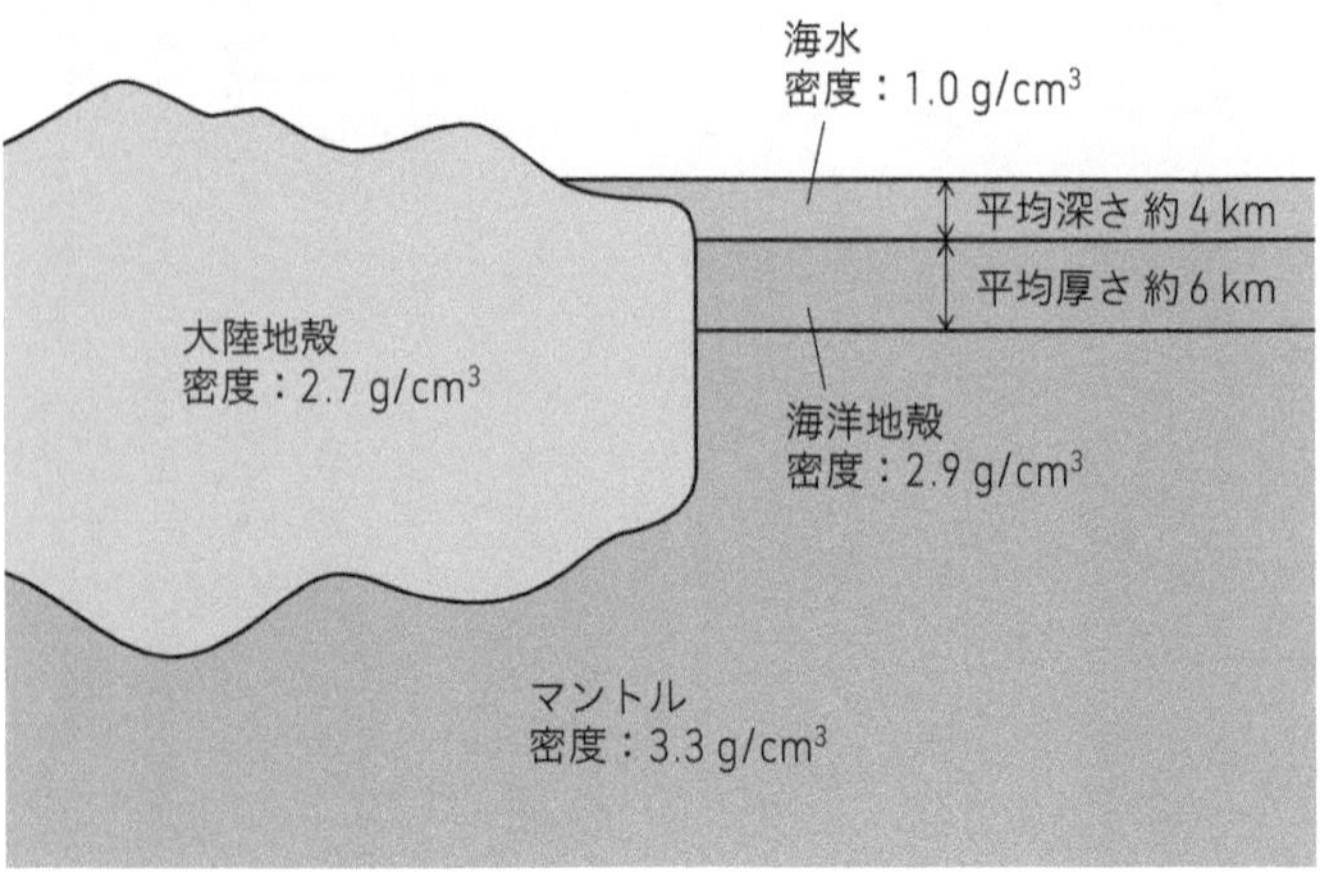

［図1.5］ **アイソスタシー**

地殻とマントルは異なる岩石からなり、マントルの岩石のほうが密度が大きい（重い）。また、同じ地殻でも、大陸を構成する岩石と海洋底を構成する岩石は種類が異なる。図1.4に示した陸と海の2段構造は、密度の小さい（軽い）大陸地殻が海洋地殻より余分に浮かび上がっているため、と説明できる

く異なることにある。大陸地殻のほうが海洋地殻よりも軽いのだ。地殻は**マントル**の上に浮かぶ存在であるが、軽い大陸地殻のほうがマントルから余分に浮かび上がる結果、2段構造が形成されるのである（**図1・5**）。このような考え方を**アイソスタシー**（地殻均衡説）と呼ぶ。

アイソスタシーを身近に実感できるのが、現在のスカンジナビア半島である。ここは、氷期であった約2万年前には、厚さ3000メートルの氷河にずっしりと覆われていた。約1万2000年前に間氷期に入ると氷河が溶けて重しが消えたため、その後じわじわと300メートル近く浮かび上がり、今なおゆっくりと隆起し続けている。

ようするに、地球表面にたまたま凸凹があり、その凹部に水のたまったのが海、という単純な話ではないのだ。地殻の岩石の性質からみて、陸は必然的に盛り上がっており、深海底は必然的に深まっている、ということなのである。

中央海嶺が浅く、海溝が深いのはなぜか?

深海底の地形の凹凸について、さらにくわしく見ていこう。中央海嶺が海底から盛り上がっていたり、逆に海溝が超深海へと深まっていたりするのはなぜだろうか。

第6章で詳述するように、中央海嶺とはじつは火山山脈である。その山頂付近では、マントル由来のマグマが噴出し、新しい海底が形成される。できたばかりの海底の岩石は、温度が高いため密度が低くて軽い。軽い海底はアイソスタシーに従って浮き上がるので、中央海嶺は深海平原から相対的に盛り上がることになる。

中央海嶺でつくられた新しい海底(以下**プレート**と呼ぶ)は、中央海嶺の左右にゆっくりと(年間1~10センチメートル程度の速さで)広がっていく。一方的にプレートが増えるだけでは、海底面はしだいにだぶついてあちこち盛り上がってしまうだろうが、現実にはそのようなことはなく、形成されたプレートとほぼ同じ量の古いプレートが、地球深部に沈み込んでバランスをとっている。その沈み場所が海溝である。このようなプレートの生成と消滅に関わる理論のこと

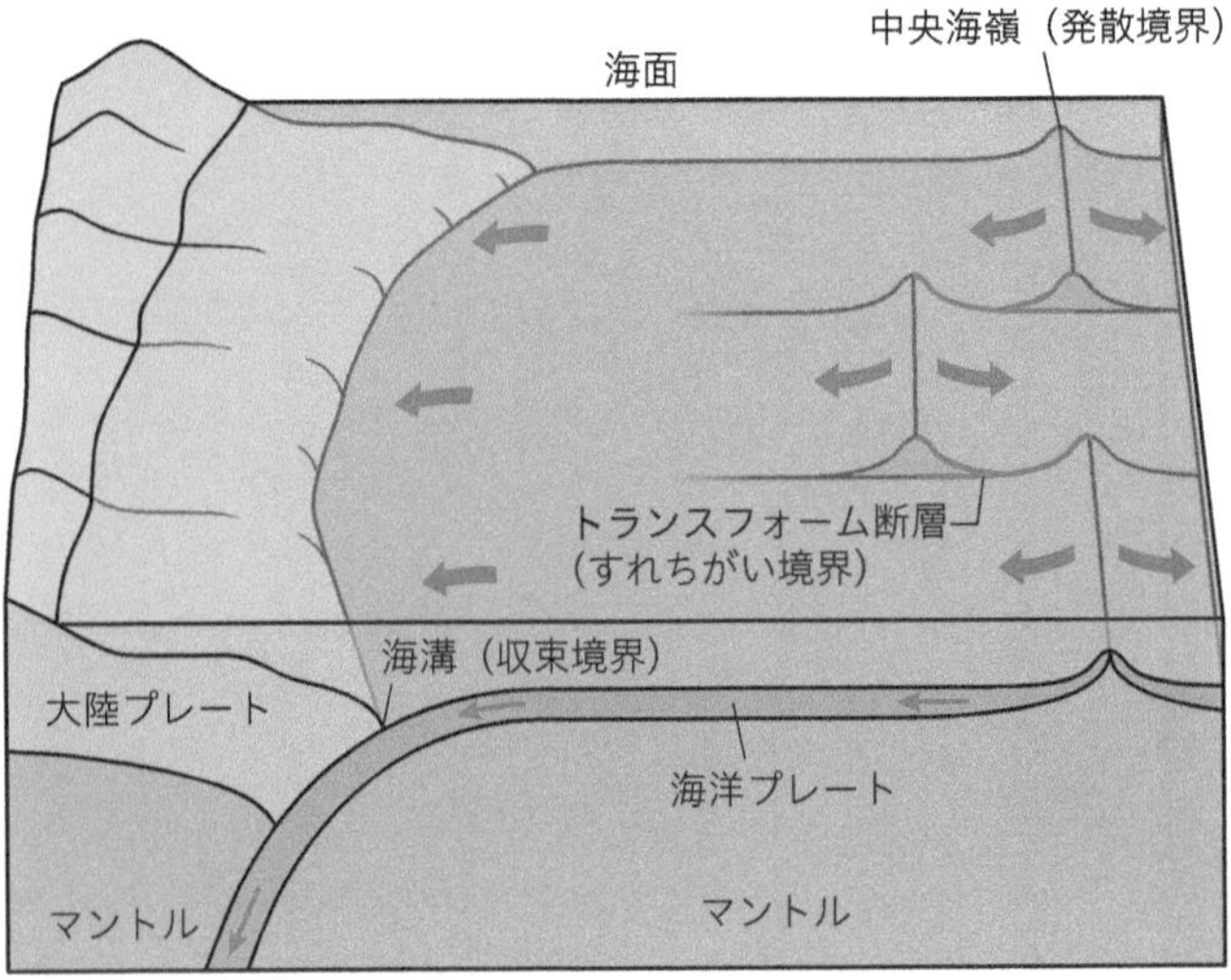

［図1.6］ **中央海嶺から海溝にいたるプレートの動きの模式図**
小出（2006）による図を改変

を、**プレートテクトニクス**と呼ぶ。

図1・6は、中央海嶺におけるプレートの生成と海溝におけるプレートの沈み込みを、模式的に示している。中央海嶺はところどころに横ずれ断層がはさまり、ギクシャクしていることが多い。この断層（プレートのすれちがい境界）は**トランスフォーム断層**と呼ばれる。中央海嶺で生成したばかりのプレートは高温で軽いが、長い時間をかけて海洋底を移動する間に冷えて重くなり、またしだいに堆積物が上面に蓄積することによっても重くなる。ついに海溝で沈み込む際は、下向きに強い重力がはたらき、海溝底を押し下げるため深くなる。

東太平洋（海膨）で誕生して以来、

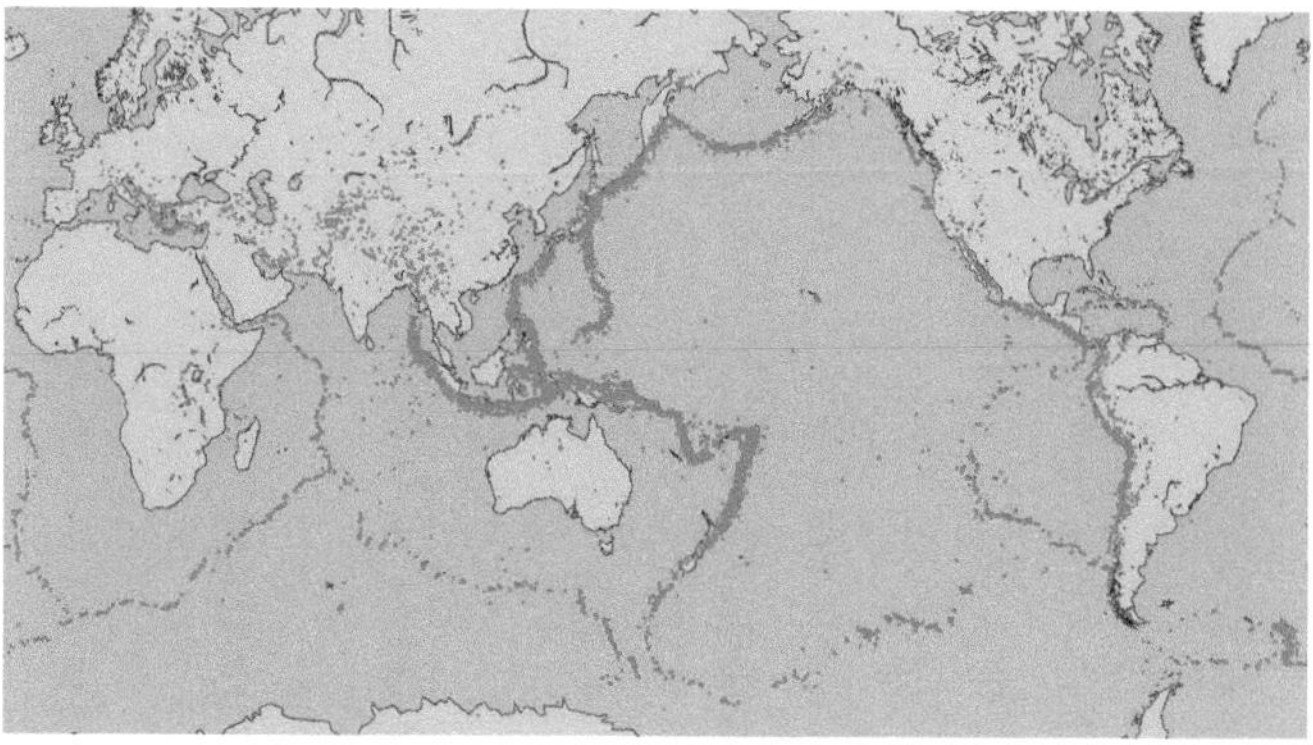

［図1.7］ **世界の地震分布**
米国地質調査所（USGS）のデータをもとに気象庁が作成。地震調査研究推進本部のウェブサイトより引用

約1億年かけてはるばる移動してきた古くて重いプレート（太平洋プレート）が、西太平洋で沈み込んでいる。そのため深い海溝が多く、表1・1の海溝最大深度ベスト10が、すべて西太平洋で占められていたのもうなずける。太平洋の平均深度（4188メートル）が、大西洋（3736メートル）やインド洋（3872メートル）に比べてずっと深いのは、これらの海溝の寄与があるためであろう。

なお、プレート沈み込み帯では、沈み込むプレートと陸側のプレートとの間に摩擦が生じるため、歪《ひず》みが蓄積されやすい。歪みが限界に達すると、岩石が破壊され、地震が発生する。**図1・7**の赤い点は、世界の地震発生場所である。図1・2と見比べてみれば、地震が海溝に沿って多発していることは一目瞭然であろう。とくに西太平洋と北東インド洋（スンダ海溝沿い）で地震が多い。

また、図1・7には、中央海嶺に沿って発生する地震も識別することができる。これらは、海溝沿いの地震とは違って、火山活動に伴って起こる地震である。

日本は世界一の超深海大国

国連海洋法条約（1982年成立、1994年発効、日本では1996年発効）によって、海に面する国々は、原則として沿岸200海里（約370キロメートル）を「**排他的経済水域**（Exclusive Economic Zone：略称**EEZ**）」として管轄している。

EEZ内では、海中および海底下の資源探査や開発に関わる主権的権利、科学的調査や海洋環境の保全・保護に関する管轄権などが、その当事国に優先的に認められる。これらの活動を、当事国以外の国が行おうとすれば、当事国の許可を受けなければならない。

表1・2の左側は、EEZ面積の大きい国ベスト10を示す。海に囲まれている日本は世界6位のEEZ保有国である。国土面積は38万平方キロメートルと世界62位だが、国土の12倍近い面積の海をEEZとして管轄している。

さらに表1・2右側には、EEZの体積、すなわちEEZ内の海水量のベスト10も示されている。体積で比べると、わが国はさらに順位が上がり、世界第4位になる。これはなぜだろうか。海の面積が同じでも、海が深ければ体積（海水量）は大きくなる。つまり日本のEEZには深い

［表1.2］ 世界のEEZ（200海里水域）面積ベスト10と、EEZ体積のベスト10

松沢（2005）にもとづく

順位	EEZ面積（百万km²）		EEZ体積（百万km³）	
1	アメリカ	10.70	アメリカ	33.8
2	ロシア	8.03	オーストラリア	18.2
3	オーストラリア	7.87	キリバス	16.4
4	インドネシア	6.08	日本	15.8
5	カナダ	5.80	インドネシア	12.7
6	日本	4.46	チリ	12.5
7	ニュージーランド	4.40	ミクロネシア	11.7
8	ブラジル	3.64	ニュージーランド	11.4
9	チリ	3.64	フィリピン	10.7
10	キリバス	3.43	ブラジル	10.5

海域が多いということなのだ。

わが国のEEZラインを、海底地形図の上に重ねてみれば、それがよくわかる（図1・8）。このライン内には、海溝（超深海層）があちこちに含まれている。千島・カムチャツカ海溝の一部、日本海溝と伊豆・小笠原海溝のすべて、マリアナ海溝の一部、および南西諸島海溝（琉球海溝）のほぼすべて。これら海溝水の存在が、わが国のEEZの総体積を増加させている。

そのことは、表1・3――深度を1000メートルごとに区切ったときのEEZ体積ランキング――がはっきり示している。水深が増すにつれてわが国の順位は上がり、水深5000〜6000メートル、および水深6000メートル以下（超深海）については、世界のトップに位置づけられる。われわれがいかに深海や超深海と縁が深いのか、まざまざと認識させられるデータである。

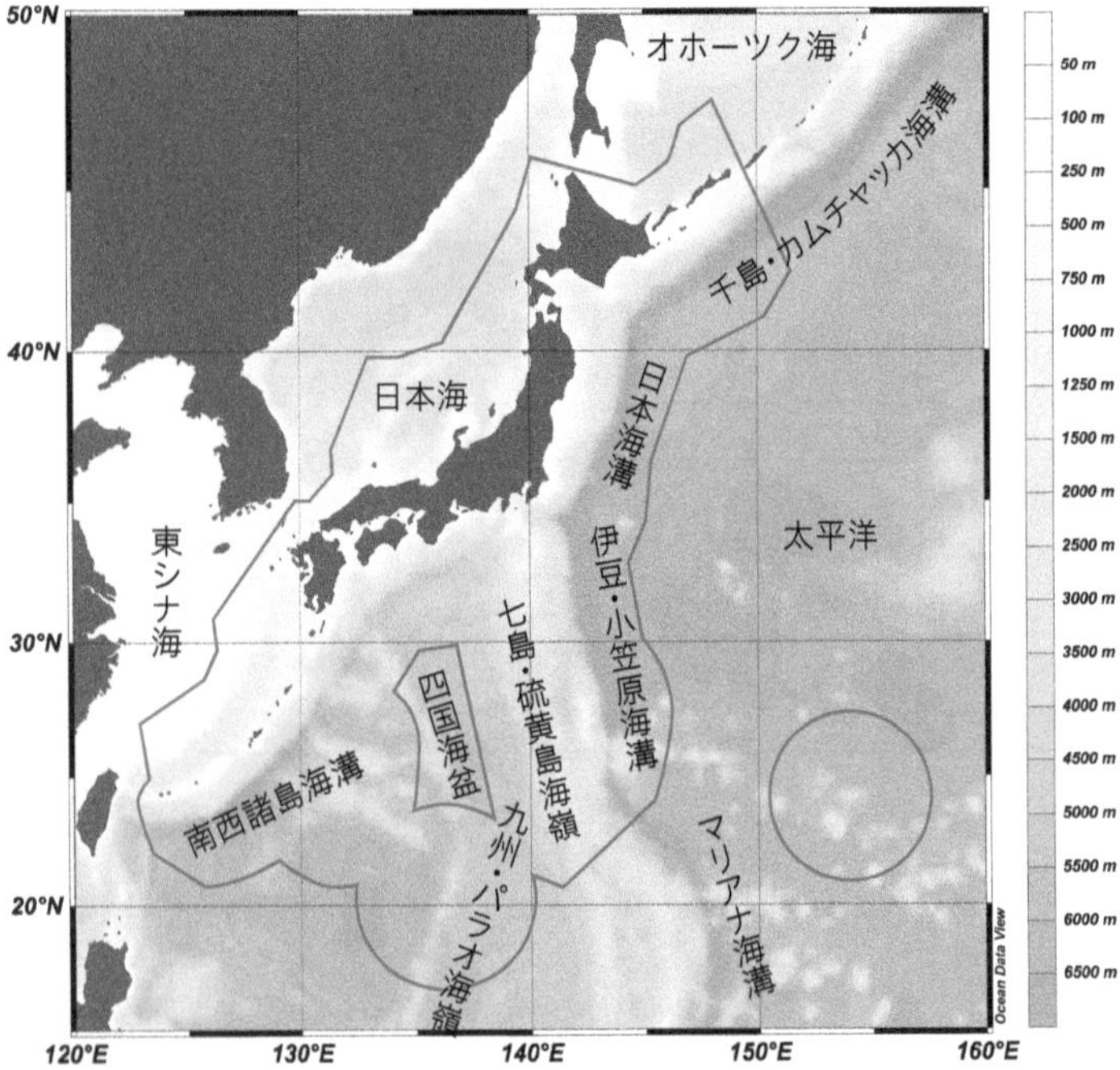

[図1.8] **わが国周辺の海底地形とわが国のEEZ（200海里水域）ライン**
1海里は1.852 km

[表1.3] **深度別に示したEEZ体積のベスト5**
松沢（2005）にもとづく

順位	0～1,000 m	1,000～2,000 m	2,000～3,000 m	3,000～4,000 m	4,000～5,000 m	5,000～6,000 m	6,000 m～
1	アメリカ	アメリカ	アメリカ	アメリカ	アメリカ	日本	日本
2	オーストラリア	オーストラリア	オーストラリア	キリバス	キリバス	アメリカ	トンガ
3	インドネシア	キリバス	キリバス	オーストラリア	日本	キリバス	ロシア
4	日本	日本	チリ	日本	オーストラリア	フィリピン	フィリピン
5	ニュージーランド	チリ	日本	チリ	マーシャル諸島	マーシャル諸島	ニュージーランド

第2章 世界最深点はどこか？——海底探査の歴史

第1章では、「海は深い」ことを強調しながら、海の成り立ちをはじめとする一般的な事項について解説した。平均の深さが3700~3800メートルであること、その地形は陸上と同じように複雑な凹凸に富んでいること、そして海の最深点は、エベレスト山の背丈をはるかに凌ぐ1万900メートル以上もの深度に達すること――などなど。

しかし、このような海底地形の特徴が世界でひろく認識されるようになったのは、最近のわずか100年以内のことにすぎない。20世紀の初め頃まで、海の深さや地形については、ごく断片的なことしかわかっていなかった。それは、原始的で時間のかかる方法によってしか、海の深さを知ることができなかったためだ。しかし、ある画期的な方法が実用化されたことにより、深海はみるみる身近な存在に変わっていく。

この章では、海の深さや地形という、最も基本的な情報を得るために、人々はどのような苦労を重ね、どのような技術を開発し、現代にいたったのか、そして世界で最も深い海の探索はどう続けられてきたのか、これらの歴史をふりかえってみることにしよう。

船からロープ――長く続いた錘測の時代

人類は知能を発達させ知識や技術を蓄積していくにつれ、海が食料を得る場所として、また人や物を運ぶ空間として有効なことを学んでいった。魚と違い、海の中で呼吸のできない人類にとって、海へくり出すには、船という乗り物に頼らざるをえない。そこで原始的な刳《く》り舟や筏《いかだ》からはじまり、しだいに大きな船がつくられるようになり、合わせて操船技術も進歩していった。船が大型化するにつれ、その進路にあたる海底の地形、すなわち浅いのか深いのかを知る必要が生じた。もし浅すぎる海底に船が突っ込めば、座礁・大破し、最悪の場合沈没してしまうからである。海底火山の知識も必要だった。もし海面直下の噴火に巻き込まれたら、船はひとたまりもない。

もちろんこのような実用的な面とは別に、目には見えない海底の地形がどうなっているのか知りたいという、人類の本能的な知識欲の対象でもあったのであろう。

しかし、つい100年ほど前まで、海の深さ、すなわち海面から海底までの距離を知るには、ごく原始的な方法に頼るしかなかった。それは、ギリシャ・ローマ時代までさかのぼる「**錘測**《すいそく》」である（「鋼索測深」とも呼ぶ）。その原理はきわめて簡単だ。船べりからおもりをつけた細いロープ（測深索と呼ぶ）を海中へ垂らし、おもりが海底面に到達したことを感知する。そのとき繰り出した測深索の長さから水深を求めるのである（**図2・1**）。

ロープの素材には麻や木綿などが古くから用いられ、19世紀になると、細く丈夫な金属（銅や鉄）やピアノ線も使われるようになった。これらの索にあらかじめ目盛りを振っておけば、繰り出した長さを正確に知ることができる。

原理は簡単だが、いつもうまくゆくとは限らない。まず測深索が海流や船の動きによって弓な

［図2.1］**船上からロープを垂らして測深する錘測作業の想像図**
16〜19世紀の大型帆船（ガレオン船）から測深索を降ろしている。Antoine Léon Morel-Fatio (1810-1871）による

りに曲がってしまったら、正確な深度は得られない。また水深が深くなればなるほど、着底したかどうかの確認が難しくなる。

19世紀中頃になると、深海の地形をくわしく知る別の必要性が生じた。それは、海を隔てて陸と陸とのあいだで迅速な通信を行うのに必要な、海底ケーブル敷設のためである。1851年に、イギリスのドーヴァーとフランスのカレー間に敷設されたのを皮切りに、地中海、北海、そして大西洋と、急速に海底ケーブル網が拡大していった。ケーブルを敷設する場所を決めたり、必要なケーブルの長さをあらかじめ知るためには、海底のくわしい地形データが不可欠なのである。

そこで錘測がさかんに行われるようになり、その技術が洗練されていった。おもりが着底した際の張力の変化をより明確にとらえるために、着底とともにロープ先端のおもりが外れるしかけや、着底と同時に海底堆積物が採取されるしくみなどが導入された。また回転数を積算できるローターと組み合わせて、測深索の繰り出し長さが自動的にわかる改良型も現れた。

これらの測深機を備えた測量船によって、世界のあちこちの海で地形調査が進められた。たとえば、人類初の海洋の学術調査と言われるイギリスのチャレンジャー号による世界一周航海（1872～1876年）では、492回にわたり深海測量が行われ、海底地形図の精密化に大きく貢献した。

音測技術の導入と進歩

20世紀に入ってまもなく、測深技術に大きな革新がもたらされた。音波を用いて深さを求める方法（音響測深法）が実用化されたのだ。錘測に対して「音測」とも呼ばれる。

海水は、電磁波（光）は通しにくいが、音はよく通す。海水中の音速は、空気中の約4倍と速い（約1500メートル／秒）。音波の伝搬時間がわかれば、直ちに距離が求められる。

海中聴音技術は、19世紀の初め頃から基礎的な技術開発が進められていたが、20世紀に入ると、

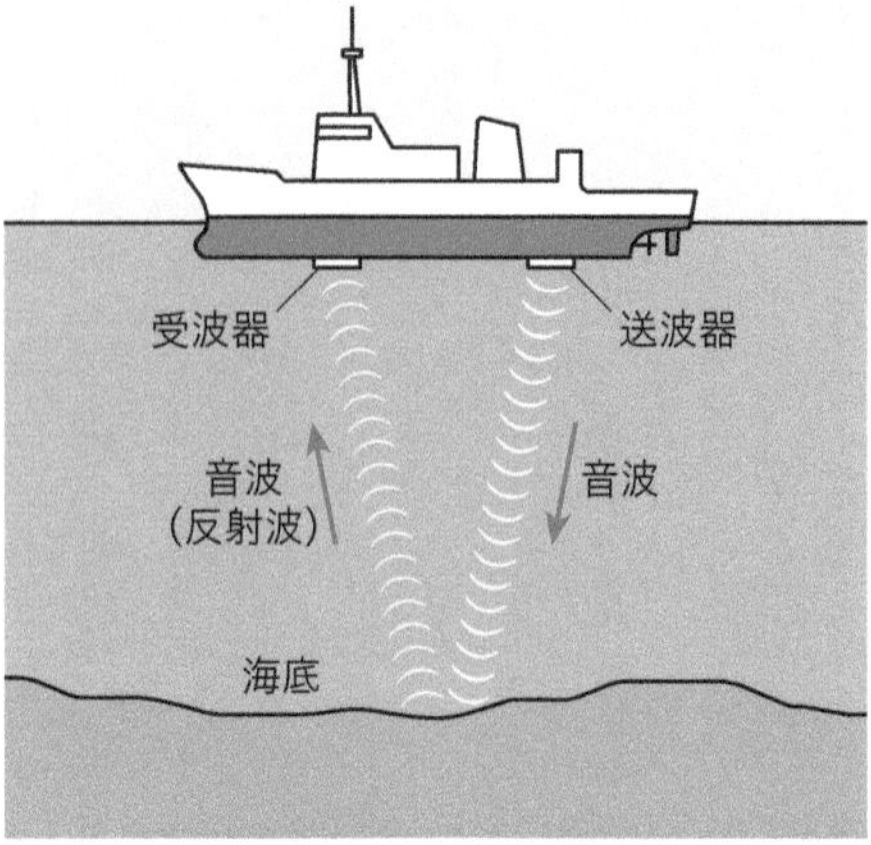

［図2.2］ **音響測深法（音測）の原理**
実際には送波器と受波器は船底のほとんど同じ位置にある

第一次世界大戦（1914〜1918年）をきっかけに大きく進歩した。1922年にアメリカやフランスが音響測深の実用化に成功し、世界へ広まっていった。わが国でも、1920年代後半に測量艦への音響測深装置の取り付けがはじまり、錘測と音測とが並行して実施されるようになっていった。

音測も原理はきわめて簡単だ（図2・2）。船底の音源から海底に向けて音波を発射し、海底で反射して戻ってきた音波を受波器（ハイドロフォン）でとらえればよい。発射から受信までにかかった時間を正確に測定する。受信された音波は、水深の2倍の距離を進んだのであるから、もし4秒後に戻ってきたのなら、1500×4÷2＝3000（メートル）と、たちどころに水深

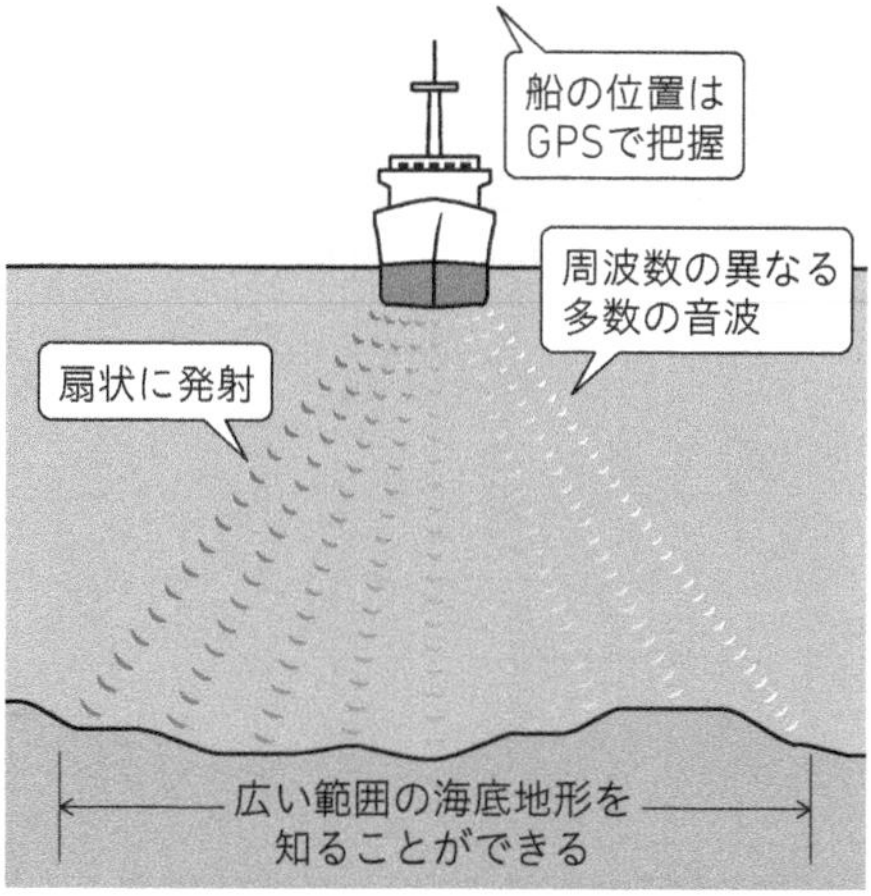

［図2.3］ **マルチビーム音響測深法の原理**

が求められる。

もっとも、海水中の音速は、水温、塩分、および水圧によってわずかだが変化する。そこで、正確な水深を得るには、同じ海域で水温と塩分の深度分布を求め、深さとともに音速がどう変化するか知っておく必要がある。

錘測では何時間もかかっていた測深作業が、音響測深法の実用化によってわずか数秒で行えるようになったのは、たいへんなブレークスルーと言うべきであろう。水深データは爆発的に増加し、海底地形図の細密化が急速に進められることとなった。

音波による測深技術は、近年さらに進化している。その極めつきは、周波数を少しずつ変えた十数本の音波を、船の進行方向と直角の方向に扇形に発射する手法——**マルチビーム音響測深法**——である（**図2・3**）。船の真下だけでなく、その両側の海底地形が一度にわかる。短時間のうちに広い海域の海底地形図を描くことができる。

正確な海底地形図を作成するには、測深したときの船の位置もまた正確に知らなければならない。長く用いられてきたのは、天体の動きから位置を知る天測である。第二次世界大戦後になると、陸上基地の電波を受信して位置を求める方法が加わり、さらに人工衛星を用いる方法へと進化し、現在ではカーナビでおなじみのGPS測位法にいたっている。

こうして海底地形図はいよいよ精緻をきわめ、深海底には、以前には想像もしなかった山や谷が、複雑に混在していることがわかってきた。

世界最深点はどこか？——探索の歴史が続く

ここで時代を少しもとに戻して、まだ錘測しかなかった19世紀頃からの海底探査の歴史をまとめてたどってみよう。

クリストファー・コロンブスや、ヴァスコ・ダ・ガマらが先鞭をつけた15世紀以降の大航海時代を経て、19世紀の萌芽的な海洋観測の時代になっても、海底の地形、とくに深海や超深海の地形は、ごくおおまかなことしかわかっていなかった。今でこそ、太平洋の西側にいくつもの海溝が細長く伸びていることは周知の事実だが、19世紀中頃の人々には、海溝などまったく知られていなかった。図1・4に示したように、深さが6000メートルを超える海域の占める面積は、地球表面の1パーセント、海洋だけ考えれば1・4パーセントにしかならない。つまりランダムに100回錘測を行って、やっと1回か2回海溝にぶつかるような割合なのだから、なかなか見つからなかったのも無理はない。

それでもデータの数が増えていくにつれ、西太平洋の端近くへ行くと、ものすごい深さの海にときどきぶつかる、という認識が広まっていったのだろう。「世界で一番深い海はどこだ？」という関心が高まり、各国が観測にしのぎを削るようになる。

表2・1に示したのは、19世紀後半から20世紀半ばまで、西太平洋において繰り広げられた海溝の深さ比べの歴史である。

1874年、アメリカの測量船「タスカロラ号」が、ウルップ島南東沖の千島・カムチャツカ海溝（北緯44度17分、東経150度30分）で、測深索にピアノ線を用いた錘測により8514メートルという深みを発見した。

その直後の1875年、先に述べた英国の「チャレンジャー号」は、マリアナ海溝（北緯11度24分、東経143度16分）で深度8184メートルを記録した。この大深度に乗船研究者は皆びっくりし、もう一度測り直して確認した。航海中の彼らはタスカロラ号の記録を知らなかったので、「世界最深点を見つけたぞ！」と沸き立ったが、残念ながら世界2位であることがあとでわかった。

[表2.1] 西太平洋の主要な海溝における最大水深記録の推移

観測年	海域	水深(m)	方法	船名(国籍)
1874	千島・カムチャツカ海溝	8,514	錘測	タスカロラ(米)
1875	マリアナ海溝	8,184	錘測	チャレンジャー(英)
1895	ケルマディック海溝	9,427	錘測	ペンギン(英)
1899	マリアナ海溝	9,636	錘測	ネロ(米)
1899	トンガ海溝	7,632	錘測	アルバトロス(米)
1900	マリアナ海溝	8,802	錘測	アルバトロス(米)
1912	フィリピン海溝	9,788	錘測	プラネット(独)
1925	マリアナ海溝	9,814	錘測	満州(日)
1927	フィリピン海溝	10,400	音測	エムデン(独)
1929-1930	フィリピン海溝	10,068	錘測	スネリウス(蘭)
1929-1930	フィリピン海溝	10,130	音測	スネリウス(蘭)
1945	フィリピン海溝	10,497	音測	ケープジョンソン(米)
1951	マリアナ海溝	10,863	音測	チャレンジャー8世(英)
1951	フィリピン海溝	10,540	音測	ガラテア(デンマーク)
1954	トンガ海溝	10,633	音測	ホライゾン(米)
1957	マリアナ海溝	11,034	音測	ヴィチァズ(ソ連)
1959	マリアナ海溝	10,915	音測	ストレンジャー(米)
1960	マリアナ海溝	10,912	潜水船	トリエステ(米)

1895年に、英国の観測船「ペンギン号」(「エゲリア号」との説もある)が、南太平洋のケルマディック海溝で9427メートルという世界最深値を得た。陸上の世界最高峰エベレストの標高(8848メートル、当時は8840メートルと言われた)を水深が初めて上回った。

さらに4年後には、米国海軍の「ネロ号」が、マリアナ海溝で9636メートルを観測した。アメリカは1898年の米西戦争に勝ち、フィリピンを領有するにあたり、フィリピンとアメリカとの間を海底ケーブルで結ぼうと考えた。そのため、太平洋で測量航海をさかんに実施していたのである。

20世紀に入り1912年、ドイツの測量艦「プラネット号」が、フィリピン海溝で9788メートルという世界最深記録を出した。また日本も、1925年、帝国海軍の測量艦「満州」がマリアナ海溝で世界最深の9814メートルを観測し、「満州海淵」と命名した。

この頃から、音測がしだいに普及していく。

1927年、音測によってフィリピン海溝を本格的に測量したドイツ軍艦「エムデン号」は、ミンダナオ島東方海域で1万793メートルという、初めて1万メートルの大台を突破する水深値を得た。次いでオランダの「スネリウス号」が、やはり音測を用い、同一地点で1万830メートルを記録した。これらの水深値はその後、1万400メートルおよび1万130メートルに修正されるが、超深海の最大深度が1万メートルを超える時代の幕開けであった。

太平洋戦争終了まぎわの1945年7月、米国の軍艦「ケープジョンソン号」が、レイテ島東方沖のフィリピン海溝で、1万497メートルの世界最深を記録。しかしこの最深記録も、わずか6年の命だった。

最深点はマリアナ海溝チャレンジャー海淵

マリアナ海溝では、満州海淵における9814メートルが、1925年以後、四半世紀にわたって最深値とされてきた。しかし、この記録も破られるときが来た。英国の「チャレンジャー8世号」が、1950年から1953年にかけて実施した世界一周観測航海でのことである。この航海は、19世紀に行われた初代チャレンジャー号に続くものという意味で、第二次チャレンジャー航海と呼ばれている。

チャレンジャー8世号は、まず大西洋を調査したあと、パナマ運河を抜け、太平洋の観測を進めていった。その途中、1951年1月から2月にかけて、燃料や食糧の補給のため横須賀に寄港し、日本側の歓待を受けている。その後、西太平洋の観測を続け、1951年6月14日、マリアナ海溝の北緯11度19分、東経142度15分において1万863メートルという、これまでで最大の水深値を観測した。

観測チームは慎重を期して、同じ場所でピアノ線による古典的な錘測も行い、この水深値に間違いのないことを確認している。船名をとって、以後この深淵のことを**チャレンジャー海淵**と呼

[表2.2] **マリアナ海溝チャレンジャー海淵における深度計測の歴史**

年	深度(m)	緯度	経度	方法	船名(国)
1875	8,184	11°24' N	143°16' E	錘測	チャレンジャー(英)
1925	9,814	11°14' N	142°10' E	錘測	満州(日)
1951	10,863	11°19' N	142°15' E	音測	チャレンジャー8世(英)
1957	11,034	11°21' N	142°12' E	音測	ヴィチァズ(ソ連)
1959	10,850	11°20' N	142°12' E	音測	ストレンジャー(米)
1960	10,912	11°19' N	142°15' E	潜水船	トリエステ(米)
1962	10,315	11°20' N	142°12' E	音測	スペンサー・ベアード(米)
1976	10,933	11°20' N	142°10' E	音測	トーマス・ワシントン(米)
1980	10,915	11°20' N	142°12' E	音測	トーマス・ワシントン(米)
1984	10,924	11°22' N	142°36' E	音測	拓洋(日)
1992	10,933	11°23' N	142°36' E	音測	白鳳丸(日)
1992	10,989	11°23' N	142°35' E	音測	白鳳丸(日)
1995	10,911	11°22' N	142°36' E	ROV	かいこう(日)
1996	10,898	11°22' N	142°26' E	ROV	かいこう(日)
1998	10,907	11°23' N	142°12' E	ROV	かいこう(日)
1998	10,938	11°20' N	142°13' E	音測	かいれい(日)
1999	10,920	11°22' N	142°36' E	音測	かいれい(日)
2008	10,903	11°22' N	142°36' E	ROV	ネレウス(米)
2010	10,984	11°20' N	142°12' E	音測	サムナー(米)
2010	10,951	11°22' N	142°35' E	音測	サムナー(米)

ROVとはRemotely Operated Vehicleの略で、観測船からケーブルで降下させる無人潜水機を示す。

なお第3〜4章で述べるように、2012年に潜水船ディープシー・チャレンジャーが10,908 m、2019年に潜水船リミティング・ファクターが10,925 mをそれぞれ記録している。

[図2.4] 拓洋(2代)
提供／海上保安庁

ぶことになった。

その後もチャレンジャー海淵では、さまざまな観測船や潜水船によって測定が繰り返されてきた(表2・2参照)。その都度、1万900０~1万1000メートルの範囲の値が得られている。現在まで、これを上回る深淵は世界中どこにも見つかっていないので、ここが世界最深地点であることは、まず間違いないであろう。

国際水路機関(IHO)と国連ユネスコ政府間海洋学委員会(IOC)が運営する国際組織GEBCO指導委員会では、1992~1993年頃までに報告されたチャレンジャー海淵の水深値を検討し、1万920±10(メートル)という値を公式に採用している。GEBCO

(General Bathymetric Chart of the Ocean) とは、世界の海底地形図作成を司る国際組織である。GEBCOによる検討過程で、1980年の米国「トーマス・ワシントン号」によるデータと、1984年のわが国の「拓洋」(図2・4) によるデータの信頼性がとくに高いと認定したのである。

Column

ファゾムと尋

英国でながく使われてきたヤード・ポンド法の中に、「ファゾム」(fathom) という長さの単位があるのをご存知だろうか。身体尺の一つで、大人が両腕を左右いっぱいに広げたときの指先から指先までの長さを表している。

ファゾムが、主として水深の単位に用いられてきたことから想像すると、巻き尺のなかった時代に、船上でロープの長さを手っ取り早く知ろうとして使われ出した単位のように思われる。水深を測る錘測のみならず、船の上ではさまざまな作業にロープを欠かすことができない。直感的でわかりやすい長さの単位だったのだろう。

メートル法によれば、1ファゾムは6フィートすなわち1・8288メートルと定義される。

本書では、水深の単位はすべてメートル法に統一しているが、英国や米国の書籍やウェブサイトでは、水深をファゾムで表示しているのをときどき見かける。

似たような身体尺として、中国・日本には「尋《ひろ》」がある。やはり両手を左右に伸ばしたときの指先から指先までの長さだ。1尋＝6尺と定義されるので1・818メートルである。

古事記に「八尋矛《やひろぼこ》」とか「八尋和邇《やひろわに》」などと使われている。文字どおり8尋（約14・5メートル）の矛やワニ（鮫《さめ》のこと）ということではなく、「八」は非常に大きいとか素晴らしいことを示す神話的表現である。現在でも使われる「千尋《ちひろ》」は、きわめて長いことやきわめて深いことを表す。チヒロエビやチヒロザメはいずれも深海に生息することから名前がついた。

第3章

この目で見たい！

——究極の深みへ挑んだ英雄たち

海底の地図がしっかり作成できたならば、いよいよわれわれは、その先に広がる本格的な海洋研究へと進むことができる。

さて、深海に不思議な地形が見つかったとする。そこには何があるのだろう。底質は泥なのか岩石なのか、どんな生物がいて、どんな風景が広がっているのか。知りたいことが山ほどある。陸上の調査研究と同じ発想でいくなら、研究者が自ら深海へ降りて行き、直接観察したり、試料を採取したりしたいところだ。

しかし海の中では、深さが10メートル増すごとに1気圧ずつ水圧が増加する。深さ数千メートルから1万メートルという深海・超深海は、想像を絶する高圧の世界であり、われわれの生身の体では、とうてい行くことができない。

ではどうするか。古代マケドニアのアレキサンダー大王（紀元前356―323）は、ガラス（水晶）でできた閉鎖容器の中に自ら入り、海底まで吊って下ろさせたという。この着想が現代でも生きている。水圧に耐えられる頑丈な乗り物をつくれば、その中に入って深海へ行くことができるというわけだ。そのための技術革新に挑んだ人々の歴史をふりかえってみよう。

世界最深点まで潜航した人類

まず、現在の話からはじめよう。現時点（2020年の夏）で、世界最深のチャレンジャー海淵（1万920メートル）まで潜航した人を数えてみると、後述するようにわずか13名にすぎない。

いっぽう高度100キロメートル以上の宇宙空間に行ったことのある人間の数は、2020年8月現在で566名に達している（JAXA〈宇宙航空研究開発機構〉のウェブサイトより）。また、世界最高峰エベレスト（標高8848メートル）への登頂者は、2010年時点で3000名を超えている。このような人数の比較には、あまり意味がないかもしれないが、大きな数字の隔たりには、やはりため息が出てしまう。

海面からわずか10キロメートルしか離れていない超深海とは、なんと遠い世界なのだろうか。

これまでに、チャレンジャー海淵に到達した人々の歴史をまとめてみよう。

1960年に、ジャック・ピカール（Jacques Piccard）とドン・ウォルシュ（Don Walsh）の2名が潜水船「トリエステ（Torieste）号」に乗船し、初めてチャレンジャー海淵（1万912メートル）に着底した（潜航回数は1回のみ）。トリエステ号のように世界最深点まで潜れる潜水船のことをとくに「**フルデプス潜水船**」と呼ぶ。トリエステ号の誕生とその偉業については、あとでくわしくお話しししたい。

それから半世紀が経過した2012年、著名な映画監督ジェームズ・キャメロン（James Cameron）が、1人乗りのフルデプス潜水船「ディープシー・チャレンジャー（Deepsea Challenger）号」で深さ1万908メートルの海溝底へ潜航し、世界で3人目の名乗りを上げた

（潜航回数は1回）。

そして2019年に大きな動きがあった。4月から5月にかけ、2人乗りのフルデプス潜水船「リミティング・ファクター（Limiting Factor）号」に乗船した探検家ヴィクター・ヴェスコーヴォ（Victor Vescovo）ほか3名が、4回にわたってチャレンジャー海淵に潜航した（最深点の水深は1万925メートル）。ヴェスコーヴォとリミティング・ファクター号の偉業については、第4章でくわしく紹介するが、マリアナ海溝のみならず、5大洋すべての最深点に潜航するという、前代未聞の快挙を成し遂げている。

2020年に入り、リミティング・ファクター号によるチャレンジャー海淵への潜航者はさらに増加している。6月にNASAの元宇宙飛行士キャサリン・サリバン（Kathryn Sullivan）博士が潜航し、チャレンジャー海淵に到達した最初の女性となった。また同月、エベレストとカラコルムK2登頂で知られる女性探検家ヴァネッサ・オブライアン（Vanessa O'brien）も潜航を果たした。同時期にほかにも4名が潜航したので、リミティング・ファクター号によってチャレンジャー海淵を訪れたのは合計10名となった。

11月には、中国が3人乗りフルデプス潜水船「奮闘者号」でチャレンジャー海淵に初めて到達した（章末コラム参照）。世界最深点は、われわれにとって急速に身近なものになりつつある。

だが、このように超深海へ潜航する技術は、決して一朝一夕に確立されたものではない。幾多の試行錯誤を経て実績が積み上げられ、洗練されていったのである。

勇気あるビービの潜水球《バチスフェア》

19世紀まで、海に潜る小型の乗り物として、いろいろな形状のものが試みられた。ただし、いずれも浅い海を対象としたもので、強い水圧のかかる深海とは無縁だった。

たとえば**図3・1**は、アメリカ人デヴィッド・ブッシュネルが１７７５年に建造した「タートル（亀）」と呼ぶ木製の乗り物である。手動式で、数メートル程度潜れたらしい。アメリカ独立戦争中に、敵艦にこっそり近づき、その艦底に水雷缶を取り付けるのに使用された。ほかにも、ロバート・フルトン（米）およびサイモン・レイク（米）が、それぞれ１８０１年および１８９７年に、やはり浅海用の乗り物を製作している。

頑丈な耐圧容器に入って深海へ降下するという人類初の快挙は、アメリカの生物学者ウィリアム・ビービ（１８７７―１９６２）および技師のオティス・バートンによって成し遂げられた。１９３０年から１９３４年にかけてのことである。彼らの用いた耐圧球（**図3・2**）は、鋳鉄製で内径１・３７メートル、壁の肉厚は３・２センチメートルで、空中重量が２・５トンあった。その内部には、呼吸のための酸素ボンベと、二酸化炭素を吸収するためのソーダ石灰によって、空気を清浄に保つしくみが備わっていた。

潜航は、大西洋のバミューダ諸島近海で行われた。２人を乗せた耐圧球は、母船上の巻揚機か

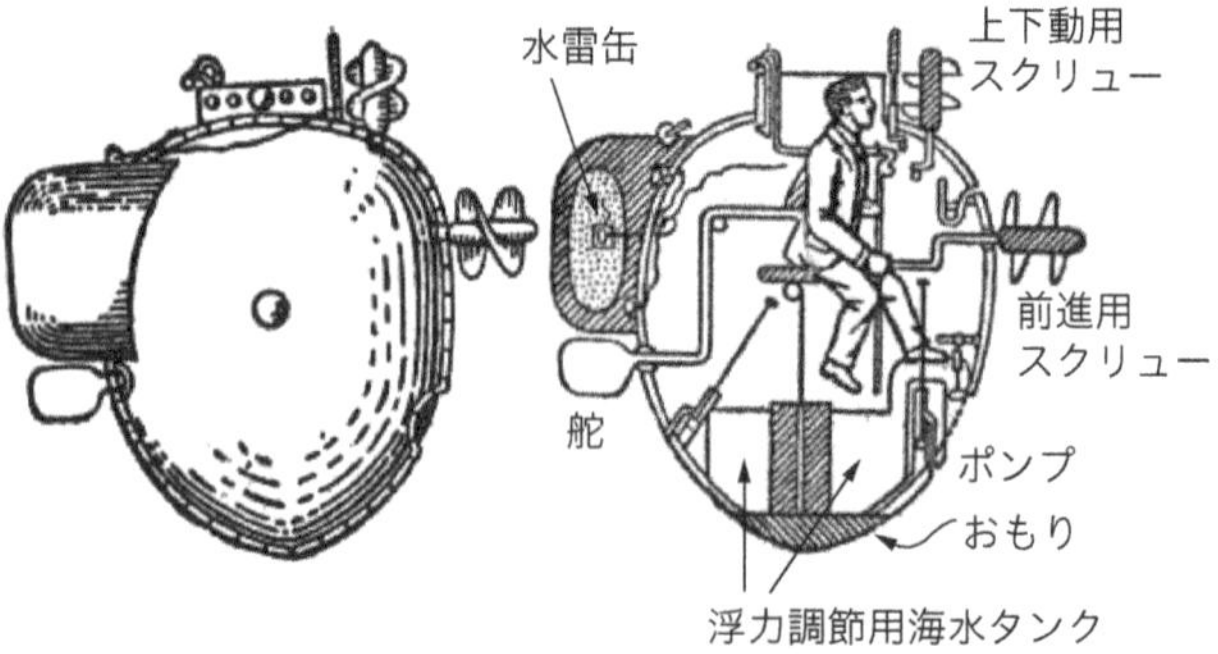

[図3.1] デヴィッド・ブッシュネルによる潜水兵器「タートル」

[図3.2] ウィリアム・ビービ（左）とオティス・バートンによるバチスフェア
提供／Getty Images

ら頑丈なスチールワイヤーによって海中へ吊り下げられ、深さ約900メートルという、当時としては驚異的な深度まで降下した。その後1948年には、バートンが単独で深さ1360メートルまで降下し、記録を更新している。

このようにワイヤーで吊り下げる潜水船は、一般に「バチスフェア」（Bathy〈深海〉とSphere〈球体〉との合成語）と呼ばれる。水中でも約1トンの重量があり、深く潜るほどワイヤーの重みも加わるので、母船上の巻揚機には相当な負荷がかかる。波浪によって母船が動揺すれば、バチスフェアも揺すぶられワイヤーに強い張力がかかる。こんなときワイヤーが破断する可能性はゼロではない。万が一切れたら一巻の終わりだ。誰も助けに行くことができない。

ビービとバートンは、果敢にも6回にわたり、このバチスフェアに乗り込んで海中へと降下した。そして周囲をライトで照らしながら、未知の深海生物の生態を初めて肉眼によって観察したのである。高い水圧に耐える乗り物を世界で初めて製作し、それを深海観測に適用した功績は絶大と言うべきである。

それでも潜航中は、相当な緊張と恐怖で、心穏やかではなかったようだ。当時の『ナショナル・ジオグラフィック』誌に掲載されたビービのレポートに、こう書かれている。「最初の潜航で240メートルまで降りたとき、『生涯に何度とない、悪い予感』に襲われ、急遽中止して浮上した」と。

潜水船《バチスカーフ》の生みの親——オーギュスト・ピカール

　バチスフェアのように船から吊り下げる方式ではなく、潜航と浮上が自分でできる潜水船のことを「**バチスカーフ**」（Bathy〈深海〉とScaphe〈船〉との合成語）と呼ぶ。バチスカーフを初めて建造し、深海へと潜航した先駆者として歴史に名前が刻まれているのが、スイスのピカール親子——オーギュスト・ピカール（1884—1962）と息子のジャック・ピカール（1922—2008）——である（**図3・3**）。

　優れた物理学者であり技術者でもあったオーギュスト・ピカールがまず手をつけたのは、高層大気の観測研究であった。成層圏（高度約10～50キロメートルの大気の層）において宇宙線を観測するために、1931年、大気球「FNRS号」を自ら設計・製作する。FNRSとは、ピカールに資金援助をした「ベルギー国立科学研究財団」の略称で、ピカールが財団に深い謝意を表したことがわかる。自らこの気球に乗り込んだピカールは、世界で初めて高度16キロメートルまで上昇し、貴重な成層圏データの取得に成功した。

　FNRS号は、モナコで発行された記念切手にその姿をとどめている（**図3・4左**）。巨大な気球の下に、直径約2メートルのゴンドラ（厚さ3・5ミリメートルのアルミニウムでできた気密球で、7つの観察窓を備え、球内は地上と同じ1気圧に保たれる）を吊り下げている。重量と

[図3.3] **オーギュスト・ピカール(左)と息子のジャック・ピカール**
提供/Granger/PPS通信社

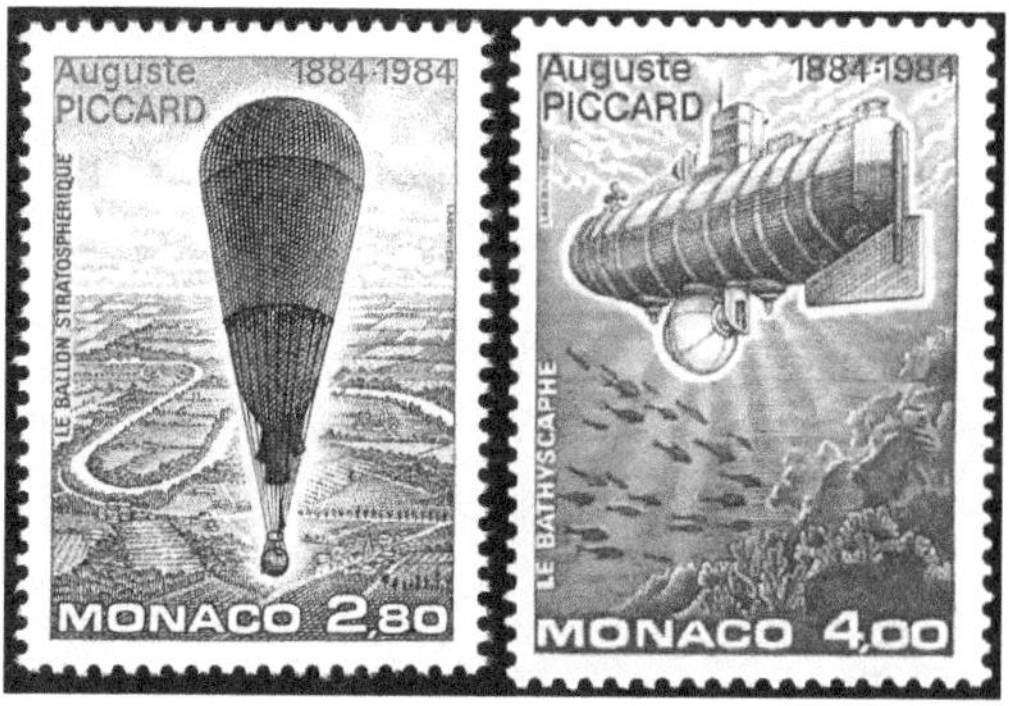

[図3.4] **オーギュスト・ピカールの生誕100周年記念切手**
いずれも1984年にモナコで発行された。左は大気球「FNRS号」、右はバチスカーフ「トリエステ号」(後述)

浮力とをうまく調整することで、大気中を自由に浮上・下降することができた。

大気球で成功したピカールは、次にその原理を、深海に降下し浮上する乗物に応用した。ピカールの自伝には、潜水船のアイディアは当初からあり、その前段階として大気球を製作したと書かれている。自ら上昇・下降できる大気球の深海バージョンが、すなわちバチスカーフである。

大気球では周囲の低い気圧から人間を保護してくれた気密球を、バチスカーフでは海中の高い水圧から人間を保護する耐圧球に置き換えなければならない。そしてその耐圧球の上部には、海中で浮上するための浮力体をつける。海中を沈降するときは、浮力を上回るおもり（バラスト）を抱えていき、バラストを捨てればいつでも浮上できるしくみである。

浮力を得る方法がふるっている。当時の技術で可能だったのは、海水よりも軽い石油（ガソリン、比重約０・７）を浮力材として用いることだった。しかし、十分な浮力を得るためには大容量のガソリンが必要で、ガソリンタンクは巨大なものとならざるをえない。

ピカールは、再びベルギー国立科学研究財団に資金援助を仰ぎ、世界最初のバチスカーフ「FNRS－２号」を製作した（**図3・5**）。人が乗り込む球（以下「耐圧殻」と呼ぶ）の内径は２メートルで、深さ４０００メートルの水圧に耐える強度があった。浮力体には約20トンのガソリンを使用した。１９４８年11月、アフリカのダカール沖で行われた潜航テストでは、無人操縦（タイマーによってバラストを自動投棄する方式）ではあったが、深さ１３８０メートルの潜航に成功した。

［図3.5］ **ベルギーのバチスカーフ「FNRS-2号」**
ベルギー国立科学研究財団のウェブサイト（https://www.frs-fnrs.be/en/）の写真に加筆

トリエステ号、米国へ

その後、息子のジャック・ピカールも加わって、ＦＮＲＳ－２号の改造版「ＦＮＲＳ－３号」の建造が開始される。しかしいろいろな事情から、ＦＮＲＳ－３号はフランス海軍の手にゆだねられることとなった。いっぽうピカール親子は、イタリアのトリエステ市の協力を得て、より高性能のバチスカーフ「トリエステ号」の開発へと舵《かじ》を切った。

１９５３年９月の地中海、ピカール親子の乗船したトリエステ号は、深さ３１５０メートルまで潜航し世界記録を打ち立てた。69歳のオーギュスト・ピカールはここで引退することとなり、息子のジャック・ピカールにあとが託された。

トリエステ号はその後、地中海で3700メートルまで記録を伸ばした。海洋学者による評価も高まっていき、海洋生物などを対象とする潜航研究の機会が増えていった。しかし潜航のための資金はつねに不足していた。バラスト（1回の潜航ごとに約2トン）や大量のガソリンなどの消耗品費に加え、トリエステ号を現場海域まで曳航《えいこう》する船やその作業員を雇うために、かなりの経費が必要だったのだ。

また、イタリアを拠点にする以上、潜航海域はほぼ地中海に限られてしまう。だが地中海最深部の深さは5100メートルくらいしかない。1万メートルレベルの超深海への潜航をめざすジャック・ピカールにとっては、不本意な日々が続いていた。

そんなとき、声をかけてきたのが、アメリカの海洋地質学者ロバート・ディーツ（1914―1995）だった。ディーツは、第1章で述べたプレートテクトニクスの生みの親の一人であり、深海底のフィールド調査研究の最前線で活躍していた。米国海軍の研究所（ONR）に在籍していた彼は、これからの深海研究にとって、トリエステ号がきわめて重要な役割を果たすと考えた。そしてトリエステ号を米国に移管するよう、ピカールに強く勧めたのだ。

米国に拠点を置き、海軍からの資金援助が得られるとなれば、西太平洋にある1万メートルクラスの超深海へのアクセスが夢ではなくなる。ピカールの心は動いた。表2・2に示したように、1951年、西太平洋マリアナ海溝において、世界最深のチャレンジャー海淵が発見されている。

ピカールとディーツの目標は、世界で初めてチャレンジャー海淵に潜航すること（ネクトン計画）へと一本化されていった。

1958年に米国海軍研究所と正式な契約が交わされ、カリフォルニア州サンディエゴの海軍電子工学研究所がトリエステ号の新しい基地となった。ピカールは心機一転、新しい耐圧殻をドイツの鉄鋼工場で製作するなど、着々と準備を整えていった。

世界初のチャレンジャー海淵潜航

トリエステ号の外観を図3・6に示す。全長約18メートル。巨大な浮力タンクの中には、75トンのガソリンが満たされる。耐圧殻の内径はちょうど2メートルで、観察窓がひとつ、乗船者は2名である。

グアム島を拠点に、1959年末より試験潜航が繰り返され、少しずつ潜航深度を増していった。そして1960年1月23日、ついにチャレンジャー海淵での潜航が決行された。乗船者はジャック・ピカールと、アメリカ海軍のドン・ウォルシュ大尉である。海面にいる支援船ルイス号では、ディーツが固唾《かたず》をのんで見守っていた。

午前8時23分に潜航が開始され、ほぼ5時間後の13時6分、トリエステ号は人類未到のチャレンジャー海淵の海底（深度1万912メートル）にみごと到達した。海底にいたるまでの手に汗

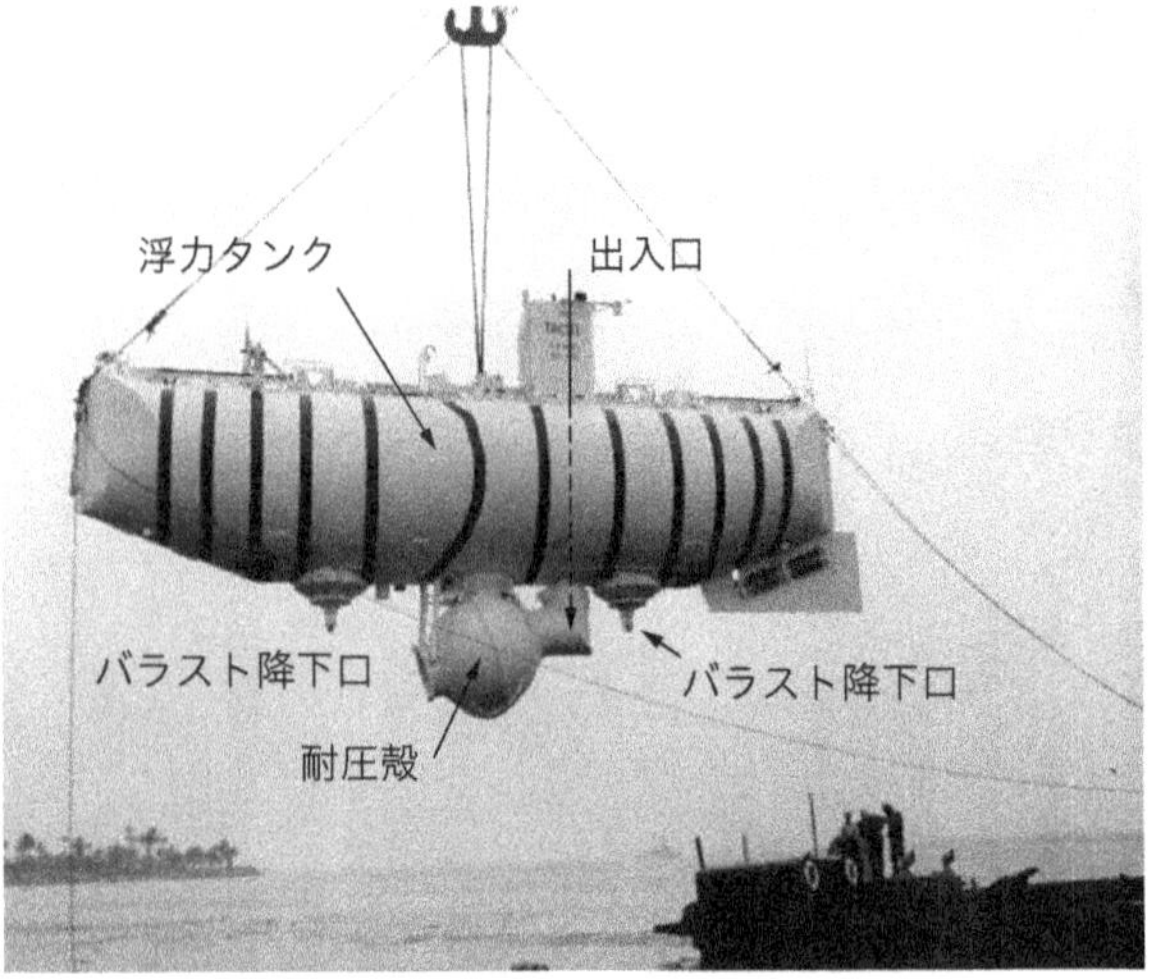

［図3.6］アメリカのバチスカーフ「トリエステ号」

握る一部始終は、ピカールとディーツの共著による『Seven miles down』にくわしく記録されている。その日本語版の一部を引用してみよう。

……12時56分、ウォルシュの眼は音響測深機に吸いついていた。私は交互に窓と測深機をみつめた。突然、グラフの上に、黒い反響をみとめた。「あった、ジャック。まるで僕らが発見したみたいだ」そうだ、遂に私たちが、それを正に77メートルの下に発見したのだ。

私が着底を準備するために舷窓からじっとみていると、ウォルシュが深度を読み出した。「66メートル、反響弱し、59―51―46―44メートル。今うまく進んでいる。40メートル。まだ降りる。そうだこれだ。37―33―27―18メートル。うまくいっている。降下している。11メートル、ゆっくり行こう。うんとゆっくり。止まるぞ。小さな動物が見えたって？　おそらく2・5センチくらいの赤いエビだろう。すごい、すごい、5メートル。舷窓から海底がみえるかい。成功だ！」
（『一万一千メートルの深海を行く』（佐々木忠義訳）より。一部修正）*

トリエステ号が着底し、舞い上がった堆積物の煙が晴れたとき、ピカールとウォルシュの目は耐圧窓の外に吸い寄せられた。長さ30センチメートルほどの、平たいヒラメのような魚が、海底面に横たわっていたのだ。彼らは夢中でカメラのシャッターを切った。

この逸話は、深海生物学者からは「そんな深さに魚のいるはずはない」と真っ向から否定されている（第8章参照）。さて真偽はどちらなのか？　2人が撮影したという写真は、トリエステ号の帰還後、米国海軍に回収されたまま、いまだ公開されていないとのことである。

ちなみに、ディーツは2回目の潜航で潜る予定だったが、1回目の潜航中に耐圧殻への入口近くのプラスチック窓にひびが入ったために、大事をとって以降の潜航は中止された。チャレンジャー海淵への潜航は、結局この1回だけで打ち止めとなった。アメリカの国威発揚には、それ

*深さの数値を一部変更した。原著『Seven miles down』では深さを表すのに「ファゾム（fathom）」という単位（第2章コラム参照）が使われているが、日本語版でそれらをメートル換算する際にミスがあったようで、より正確な数値とした。また、原著にあった（が、日本語版では抜けていた）疑問符を加えている。

で十分だったのかもしれない。

その後、トリエステ号はチャレンジャー海淵を再訪することのないまま、1966年に退役した。現在、その耐圧殻はワシントン海軍工廠の海軍博物館に展示されている。

フランスのバチスカーフ「FNRS－3号」と「アルシメード号」

ピカール親子からフランス海軍へと移ったバチスカーフ「FNRS－3号」、およびその後継船「アルシメード号」の活躍を、以下に簡単にまとめておこう。いずれも来日したことがあり、日本と縁の深いバチスカーフである。

FNRS－3号の基本的な構造や耐圧深度（約4000メートル）は、FNRS－2号とほぼ同じ。1954年、アフリカ西海岸の大西洋ダカール沖で4050メートルまで潜航し、トリエステ号の記録を破って世界最深記録を打ち立てた。

1958年、FNRS－3号は日仏共同の深海調査研究を行うために日本にやってきた。当時、東京水産大学教授（学長）だった佐々木忠義（1910―1983）が、朝日新聞社の全面的協力を得て招聘《しょうへい》したのである。日本郵船の「熱田丸」が、FNRS－3号をフランスから日本まで搬送した。日本周辺の金華山（宮城県）沖、野島崎沖、相模灘などで合計9回の潜航を行い、深海生物を観察したり、深層水の動きを計測したりした。最大潜航深度は3100メートルに達し、

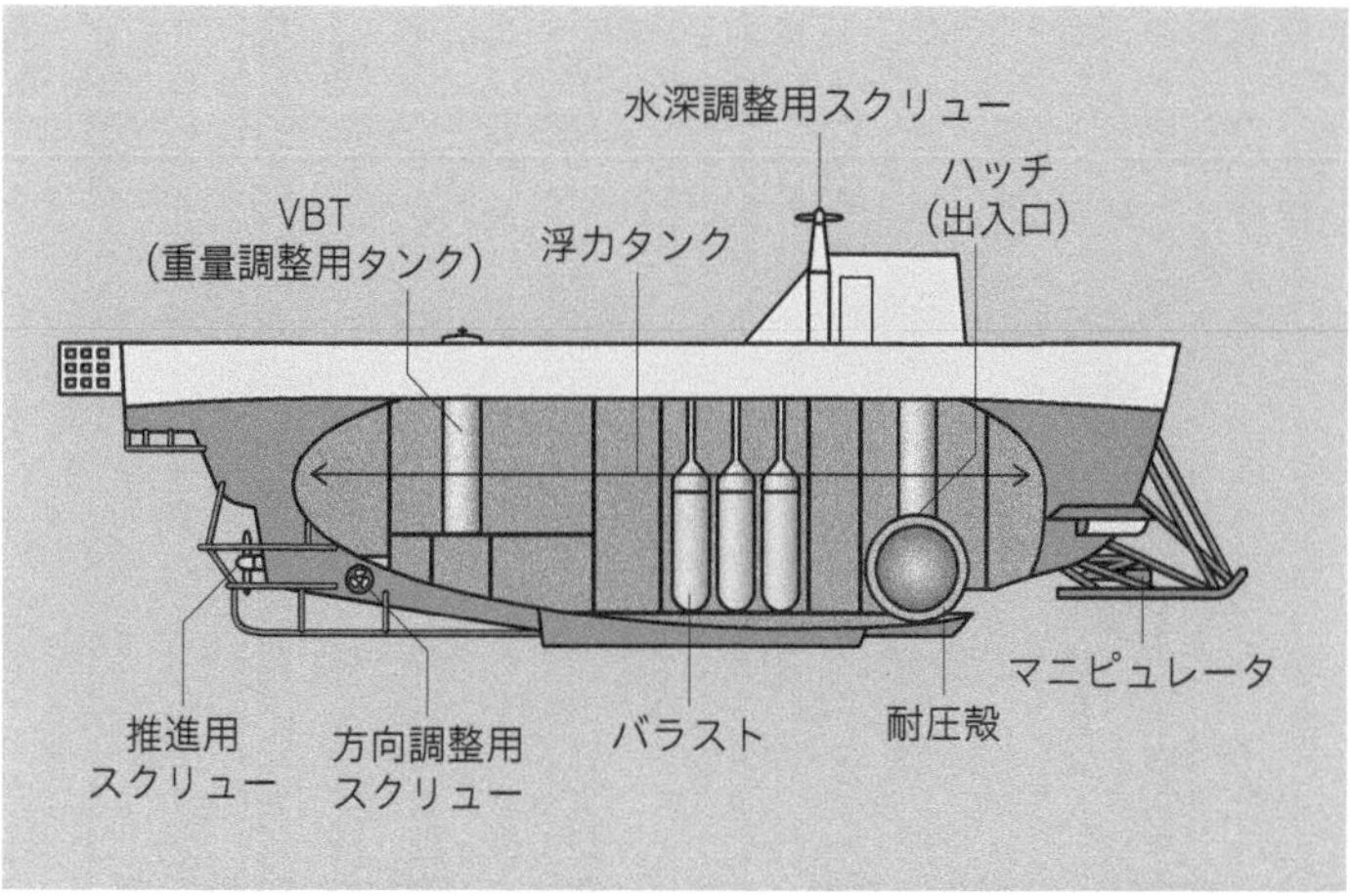

[図3.7] フランスのバチスカーフ「アルシメード(アルキメデス)号」(全長22 m)のしくみ

日本から佐々木ほか4名が潜航した。

これほど深く潜れる有人潜水船は、残念ながら当時の日本にはまだなかった。北海道大学が潜水船「くろしお号」を運用していたが、最大潜航深度は200メートルだった(第8章のコラム参照)。わが国における1000メートル級の有人潜水船となると、海洋科学技術センター(現・海洋研究開発機構)が1981年に就航させた「しんかい2000」まで待たなければならない。

フランスは、1961年に後継船「アルシメード号(Archimede、アルキメデス号とも呼ばれる)」(**図3・7**)を完成させた。浮力材はやはりガソリン(約110トン)である。耐圧殻の肉厚はFNRS-3号の9センチメートルから15センチメートルになり、トリエステ号と同じく1万1000メートルまで潜航することができた。FNRS－3号では1つしかなかった観察窓が3つに増え、試料採取などの作業を行うためのロボットアーム（マニピュレータ）も装備していた。

このアルシメード号も、1962年と1967年の2回にわたって日本近海の調査に訪れている。1962年5～8月に、千島・カムチャツカ海溝、日本海溝、および伊豆・小笠原海溝で計5回潜航した。千島・カムチャツカ海溝では、アルシメード号の最深レコードとなった深度9545メートルの海溝底に到達し、海底付近の水の流れを示すリップルマーク（波状の模様）を見つけている。この潜航には、日本から佐々木忠義が乗船した。

また、1967年5～7月に来日した際には、北緯35度付近の伊豆・小笠原海溝北端を中心に9回潜航した（最大潜航深度は9260メートル）。海溝軸の両側に階段状の断層地形のあることや、海溝底で北向きに強い流れのあることなどを観測している。日本から阿部友三郎（東京理科大学教授）が乗船し、7190メートルまで潜航した。

佐々木忠義は、1962年に千島・カムチャツカ海溝（9545メートル）へ潜航したとき、「メダカの格好をした体長数センチほどの深海魚が群れをなして泳いでいる姿を見た」と著書に記している（残念ながら写真はない）。このとき同乗したフランスの地質学者アンリ＝ジェルマン・ドローズも、後日、同じ内容を日本の地質学者・小林和男に語ったことが、小林による書籍に記されている。ピカールとウォルシュがマリアナ海溝で目撃したという「平たい魚」とは形状が異なるが、水深1万メートルの魚に関する別の目撃談として興味深い。その後、この海域の潜航調査はまったく行われていないので、ことの真偽は謎として残されたままである。

アルシメード号は大西洋でも活躍した。1964年に、大西洋で最も深いプエルトリコ海溝に10回潜航した（最大潜航深度8300メートル）。さらに1971年から米仏共同で実施された大西洋中央海嶺での潜航調査（FAMOUS計画）に参加した後、1974年に退役している。2001年に、シェルブールの海軍博物館に展示された。

画期的浮力材――潜水船の小型化の実現

トリエステ号もアルシメード号も、浮上のための浮力を得るために、巨大なガソリンタンク（浮力タンク）を必要とした。そのためどうしても図体が大きくなり、扱いづらいところがあった。海況が悪いと、なかなか海面に下ろせない。うまく海底に到達しても、あちこち軽快に動き回るのは不得手である、などの欠点があった。

小回りのきく、本格的な深海調査用の潜水船が登場したのは、浮力材にガソリンではなく、シンタクチック・フォームという素材を用いるようになってからである。

シンタクチック・フォームとは、サイズ数十ミクロンの微小なガラスやプラスチックの中空球を樹脂で固めた複合材で、軽量なうえ、強度のある理想的な浮力材である（図3・8）。比重が約0・6とガソリンよりも軽く、引火するといった危険もない。常温で固体なので、好きな形に

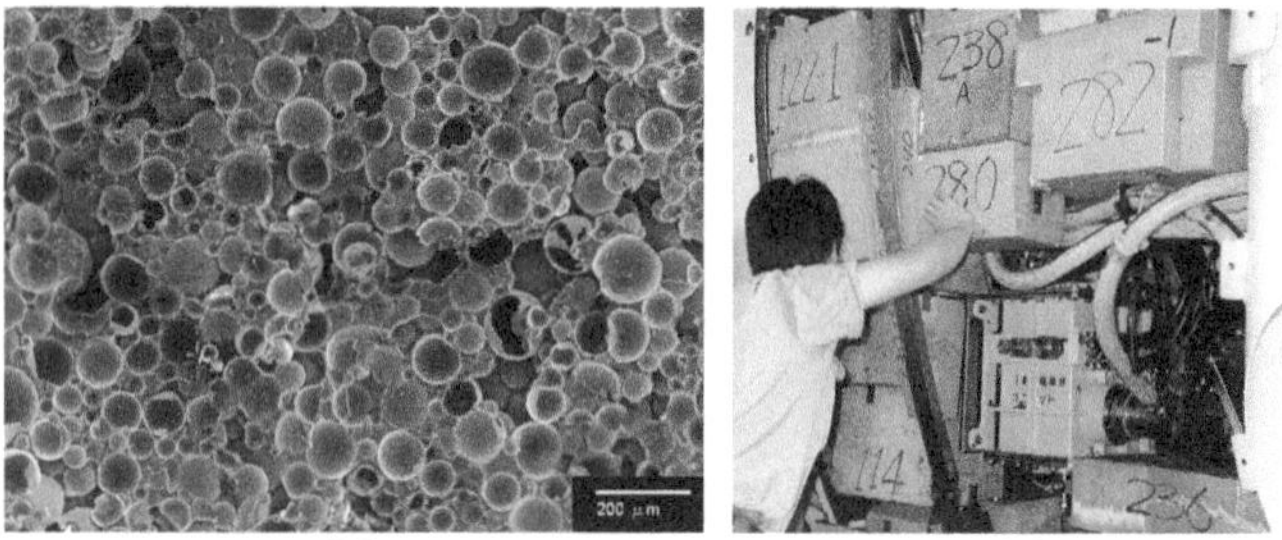

(a)　　　　　　　　　　　　　　　(b)

［図3.8］ **浮力材としてのシンタクチック・フォーム**

(a) シンタクチック・フォームの電子顕微鏡写真（撮影：Nikgupt、en.Wikipediaより）
(b) シンタクチック・フォームでつくられたさまざまなサイズの浮力材ブロックが、潜水船（しんかい6500）の内部にはめ込まれている様子（著者撮影）

切断・加工できる利点もある。浮力体ブロックをあちこち分散して収納できるようになり、また何度も再利用できるので経済的である。

さらに、潜水船の耐圧殻も、かつては鉄（比重7・9）でつくられていたが、より軽量のチタン（比重4・5）を主成分とする合金が用いられるようになった。耐圧殻が軽くなれば、とうぜん浮力材も少なくてすむ。

こうして潜水船のサイズは、かつてのトリエステ号やアルシメード号に比べて、ぐっと小型化した。その先頭を切ったのは、1964年に建造されたアメリカの潜水船「アルビン号」である。海中での運動能力が著しく向上した。また母船への搭載や、着水・揚収作業もはるかに容易なことから、各国が追従し、潜水船の数も増えていった。こうして、深海研究のツールとして潜水船の有用性は格段に高まり、現在にいたっている。

世界の深海・超深海潜水船

世界各国の深海研究の最前線で、これまでどんな潜水船が用いられてきたのか、また現在用いられているか、この章の最後にまとめておくことにしよう。

2019年までに世界各国で開発・運航された深海・超深海潜水船（深さ2000メートル以上潜れるもの）を、最大潜航可能深度順に並べたのが**表3・1**である。

科学研究に利用でき、最大潜航深度が6000メートル以上の現役の潜水船は、赤字で示した7隻（ロシアの「ミール号」は同型が2隻ある）である。リミティング・ファクター号以外は、すべて定員3名で、直径約2メートルの耐圧殻の中に入って、深海へと降下する。

日本の「しんかい6500」（**図3・9**）は、世界の代表的な深海潜水船のひとつだ。乗船者3名の内訳は、パイロット（船長）、コパイロット（船長補佐）、そして研究者である（海底で複雑な作業のない場合は、パイロット1名、研究者2名という組み合わせも可能）。海底では、2本のマニピュレーターを操縦して機器を設置したり、岩石や生物を採取したりすることができる。採取試料は、前面にある大きなサンプルバスケット（2台）に収納する。海底までの沈降と浮上に2・5時間ずつ、海底で3時間の作業で合計8時間というのが、潜航1回の基本的時間配分である。2012年に行われた大規模な改造によって、操縦・運動性能が大きく向上した。

[表3.1] **世界で2019年までに開発・実用化された深海・超深海潜水船一覧**

深さ2,000 m以上潜航できるもの。赤色は6,000 m以上潜れる現役船（学術研究用）

潜水船名	保有国	潜航可能深度（m）	乗員数	建造年	退役年	母船
トリエステ	イタリア→アメリカ（海軍）	11,000	2	1953	1966	
アルメシード（アルキメデス）	フランス（海軍）	11,000	3	1961	1974	
ディープシー・チャレンジャー	オーストラリア	11,000	1	2012		
リミティング・ファクター	アメリカ	11,000	2	2018		プレッシャー・ドロップ
蛟竜（Jiaolong）	中国	7,000	3	2010		
シーポール1, 2	中国（海軍）	7,000	3	2009		
しんかい6500	日本	6,500	3	1989		よこすか
アルビン	アメリカ	1,800→6,500	3	1964		ルル、アトランティスII
トリエステII	アメリカ（海軍）	6,100	2	1964	1984	
ミールI & II	ロシア	6,000	3	1987		Akademik Mstislav Keldysh
ノーティル	フランス	6,000	3	1984		ナディール
シークリフ	アメリカ（海軍）	6,000	3	1984	1998	
コンスル	ロシア（海軍）	6,000	2	2001		
アルミノート	アメリカ（海軍）	4,600	6～7	1964	1970	
深海勇士（Shenhai Yongshi）	中国	4,500	3	2017		探索一号
FNRS-2	ベルギー	4,000	2	1948	1948	
FNRS-3	フランス（海軍）	4,000	2	1953	1960	
タートル	アメリカ（海軍）	1,800→3,000	3	1968	1998	
サイアナ	フランス	3,000	3	1969	2003	
しんかい2000	日本	2,000	3	1981	2002	なつしま
ピーシーズIV, V	アメリカ	2,000	3	1971		

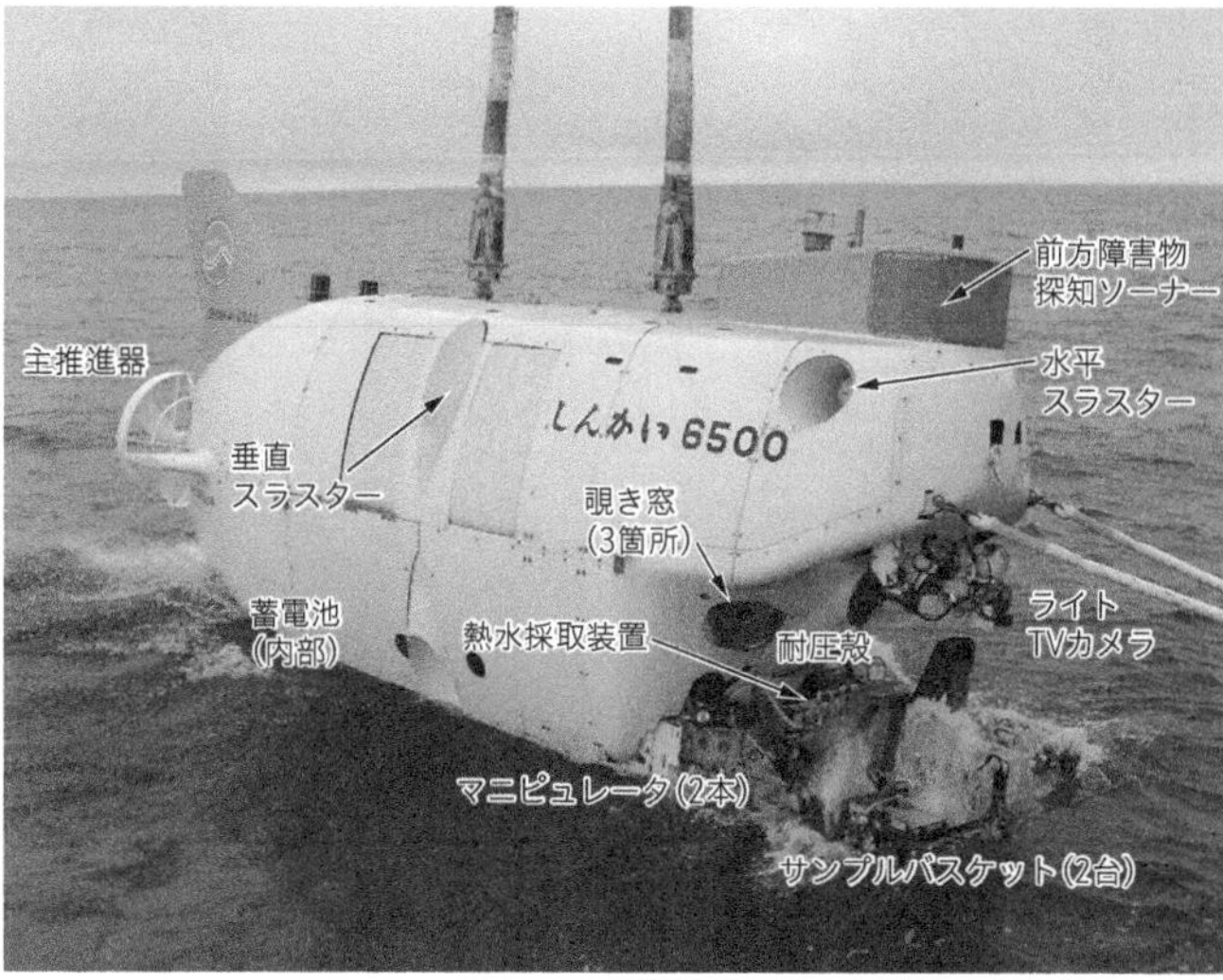

[図3.9] **しんかい6500**

2001年に著者撮影。2012年に大がかりな改造がなされ、船尾の主推進器が2台になるなど、性能が大きく向上した

2018年に、彗星のごとく登場した、米国の潜水船「リミティング・ファクター号」については、次の第4章でくわしくご紹介したい。

なお、研究者自身が深海・超深海に行かない探査方法も増えつつある。光ファイバーケーブルで観測船と接続した無人探査機ROV（Remotely Operated Vehicle）を船上から吊り下げ遠隔操作することによって、海底地形図を作成したり、リアルタイムで高画質の映像を取得したり、試料採取などの海底作業を行うことができる。また、ケーブルによる拘束のない自律型探査機AUV（Autonomous Underwater Vehicle）の開発も続けられている。

研究目的にもよるが、無人探査機でもある程度レベルの高い深海・超深海調査を行えるようになってきた。
しかし、研究者自らが深海底に降下することの卓逸性は変わることはない。舷窓の向こう側に広がる現場に研究者が直接向き合うことによって、深海研究が大きく進展し続けてきたことは誰にも否定できない事実である。有人潜水船と無人探査機とを適切に組み合わせた相乗効果をめざすことが、今後の研究戦略として重要と思われる。

Column

中国の最新鋭フルデプス有人潜水船が運航を開始

2020年11月、国営の中国中央テレビ（CCTV）は、中国科学院が2016年より開発・建造を進めてきたフルデプス（1万1000メートル級）有人潜水船が、マリアナ海溝チャレンジャー海淵で深さ1万メートルを超える試験潜航を8回実施したこと、そのうち最大潜航深度は1万909メートルに達したことを報じた。拙著『太平洋　その深層で起こっていること』（講談社ブルーバックス、2018年発行）の中で「完成間近」と紹介した船である（当時は「彩虹魚号」と仮称されていた）。2019年11月に耐圧殻の完成が報じられ、その1年後に潜水船として本格的デビューを果たした。これで表3・1に、世界で5隻目のフルデプス潜水船がつけ加

[図3.10] **中国のフルデプス有人潜水船「奮闘者号」**
写真提供：新華社／共同通信イメージズ

わることになる。

正式な船名は「奮闘者（奋斗者：Fendouzhe）号」（英訳名“Striver”）。一般公募によって命名されたようだ。スマートな流線形をしており、真っ白い船体の上面が赤色、左右の側面が緑色（鮮緑色）に塗り分けられている（**図3・10**）。チタン合金製の耐圧殻（直径2メートル、壁厚105ミリメートル）に3名が乗船できる。母船「探索一号」の船尾Aフレームクレーンから1本の吊り下げ索によって着水と揚収が行われる。海底でさまざまな科学研究や観測が行えるよう、高性能な音響機器類、TVカメラ、2本のマニピュレータ（ロボットアーム）などを装備している。今回の試験潜航でも、多くの映像データ・堆積物・岩石・海底生物試料などを採取したようだ。

これで中国は、すでに稼働している蛟竜号（7000メートルまで）・深海勇士号（4500メートルまで）と合わせ、3隻の有人潜水船を保有・運航することとなった。世界中のあらゆる深海底を有人探査できる観測体制が整えられたわけで、今後、深海・超深海の科学にどんな躍進がもたらされるのか、大いに期待が高まっている。

第4章

ヒーロー現る——5大洋の最深点すべてをきわめた男

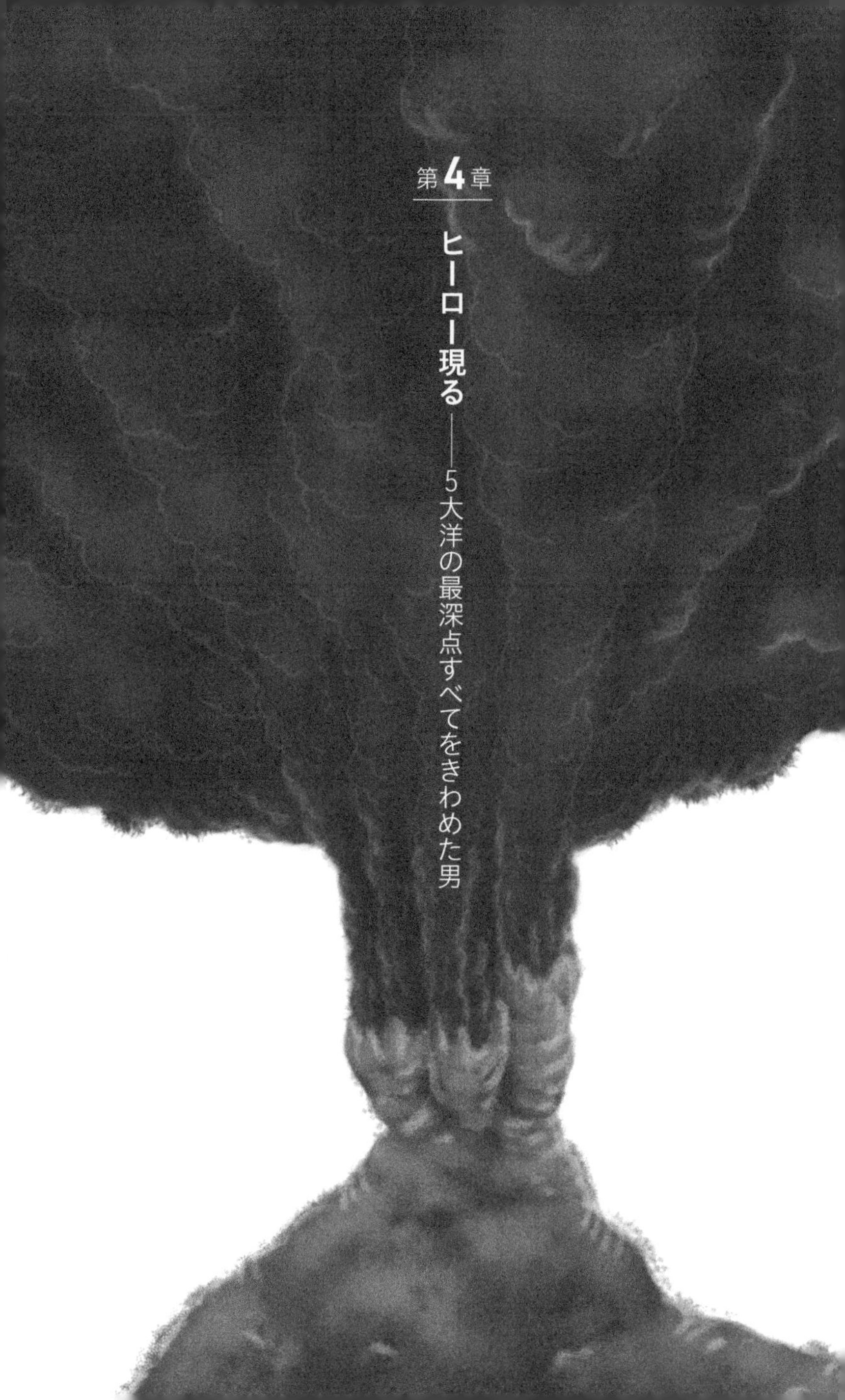

2019年は、注目すべき超深海のヒーロー誕生の年だった。陸上で数々の輝かしい冒険歴・探検歴をもつ人物が、こんどは超深海を舞台に華々しく名乗りを上げた。彼の名は、ヴィクター・ヴェスコーヴォ（Victor Vescovo）。これまで、トリエステ号、アルシメード号、およびディープシー・チャレンジャー号によるわずかな潜航例しかなかった超深海に真っ向から挑み、型破りな財力と実行力をもって、自ら潜水船や母船を準備して船出したのだ。そしてわずか10ヵ月足らずで、5大洋（大西洋、南極海、インド洋、太平洋、および北極海）を巡航し、5大洋すべての最深点へ単独潜航するという歴史的快挙を達成した。合わせて学術的な研究も実施された。今後、超深海の探査研究に、大きな弾みのつくことが期待される。本章では、この驚くべきミッションの一部始終をたどりながら、5大洋の最深点が、それぞれどのような深海・超深海なのか、科学的な側面からも見ていきたい。

並外れたミッションの立役者

2019年の春、元号が平成から令和に変わり、前例のない10連休に日本国内が浮き立っていた頃、はるか南方のマリアナ海溝で、世紀の大事業が進行していた。

その立役者は、アメリカの探検家ヴィクター・ヴェスコーヴォ（図4・1）。2019年4月28日、有人潜水船「リミティング・ファクター（Limiting Factor）号」に単独乗船した彼は、世界で4人目となるチャレンジャー海淵への潜航を果たした（さらに2回目の単独潜航も成功し、世界初の複数回潜航者となった）。しかしこの快挙は、彼がそのとき実行しつつあった前代未聞のミッションのごく一部にすぎなかった。

ヴェスコーヴォは、1966年、米国テキサス州生まれ。有限責任会社（LLC）Caladan Oceanicを経営するかたわら、これまでにエベレストを含め7大陸すべての最高峰に登頂。さらに北極点と南極点にスキーで到達するなど、探検家として輝かしい経歴の持ち主である。

2015年頃のある日、彼はふと、世界の5大洋（太平洋、大西洋、インド洋、北極海、および南極海）の最深点が、西太平洋のチャレンジャー海淵を除き、人類未踏であることに気がつく。「何ということだ」と驚いた彼は、世界の超深海に最初の足跡を残そうと、探検家の熱血をたぎらせていった。3年以上かけて、周到に準備が進められた。そのミッションには、The Five Deeps Expeditionという名前がつけられた。

2018年12月に大西洋からはじめ

［図4.1］ヴィクター・ヴェスコーヴォ
提供／Getty Images

られた本ミッションは、2019年9月に北極海で終了した。結果は、あっぱれというほかはない大成功だった。5大洋の最深点すべてにソロ（個人）で到達するという世界初の偉業が、わずか10ヵ月で、みごとに達成されたのだ。超深海の探査史に燦然たる1ページが書き加えられた。

この驚くべきミッションの完遂にいたるまでの経緯を、The Five Deeps Expedition のウェブサイト（https://fivedeeps.com）やBBCニュースなどの記事および後述する書籍『Expedition Deep Ocean』をもとに、以下に速報的にまとめてみよう。詳細な映像記録や学術的な研究成果は、今後数年かけて公表されていくものと思われる。

フルデプス潜水船「リミティング・ファクター号」登場

このミッションには、当然ながら、1万1000メートルの深さまで潜れる有人潜水船、および潜水船を現場海域まで搬送し、着水・揚収作業を行う母船といったインフラが欠かせない。

ヴェスコーヴォは当初、ディープシー・チャレンジャー号（映画監督ジェームズ・キャメロンが2012年にマリアナ海溝チャレンジャー海淵へ潜航したときの潜水船で、その後アメリカのウッズホール海洋研究所に寄贈されていた）を購入し、アップグレードして使用することを考えた。しかしウッズホールに出向いて点検したところ、かなり傷みがひどく、また耐圧殻のあまりに狭いことにも失望し、むしろ新規にフルデプス潜水船を建造しようということになったようだ。

受注したのは、アメリカのフロリダ州にある、潜水船開発では歴史のあるTriton Submarine社であった。約3年をかけて、2人乗りのフルデプス潜水船（Triton 36000/2型、「リミティング・ファクター号」）が完成した（図4・2）。その耐圧殻（内径1・5メートルの球体）はチタン合金製で、厚さが90ミリメートルある。そして耐圧テストがロシアのクリロフ造船研究所にある超高圧水槽で実施され、深さ1万4000メートルの水圧に耐える強度をもつことが確認された。

潜水能力をくわしく見ていこう。下降したり浮上したりするとき、水の抵抗を受けにくい形状をしており、海底に向かって降下するときは3・5ノット（時速約6キロメートル）、浮上するときは2〜3ノット（時速3〜5キロメートル）のスピードが出せる。これは従来の深海潜水船に比べて、2〜3倍速い。

そして10基のスラスターが、海底でさまざまな動きを可能にする。観察窓は3つあり、船外カメラにより映像も記録できる。水中作業のためにマニピュレータを1本備えている。試料収納スペース（マニピュレータの直下にある）は小さいが、大量の岩石や生物試料を持ち帰るときは、ランダーと呼ぶ海底設置機器（次節でくわしく紹介しよう）に取り付けられた大型の試料箱を使用する。

リミティング・ファクター号を潜航点まで運ぶのは、「プレッシャー・ドロップ（Pressure Drop）号」と呼ぶ、専用の母船である（図4・3）。かつて米国海軍およびNOAA（米国大気

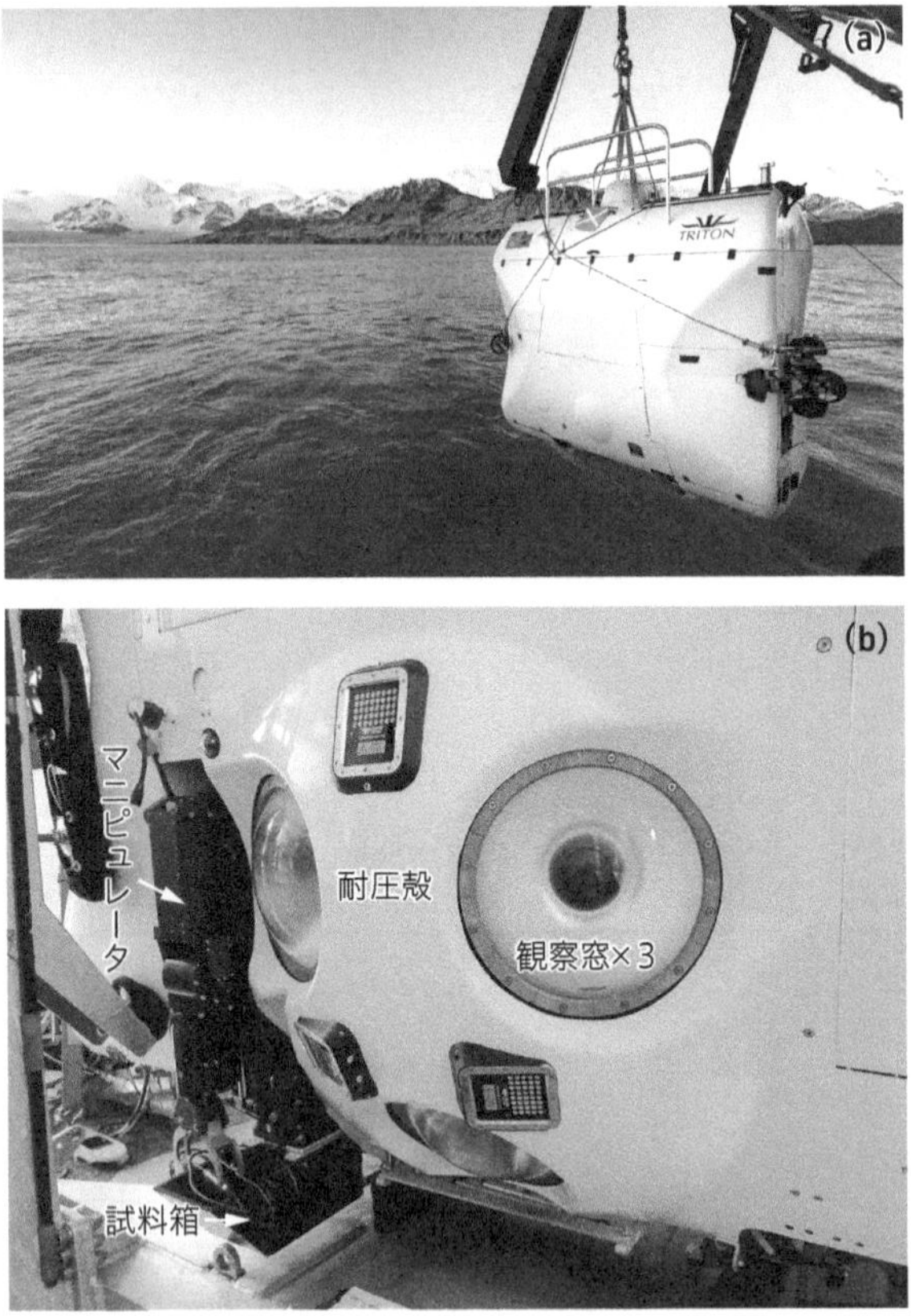

[図4.2] **フルデプス潜水船「リミティング・ファクター号」**
(a) 全体像。母船から吊り下ろしている様子（背面が見えている）。Wikimedia Commonsより (b) 母船の格納庫内。筆者撮影

［図4.3］リミティング・ファクター号の母船「プレッシャー・ドロップ号」
筆者撮影

海洋庁）に所属していた船を、このミッションに合わせて大幅に改造したものだ（長さ68メートル、1914トン）。潜水船の着水、揚収、潜航中の音響測位などを行うほか、後述するように最新鋭の音響測深装置を備え、高精度の海底地形探査を行うことができる。

ちなみに、「リミティング・ファクター」と「プレッシャー・ドロップ」の名称は、ヴェスコーヴォが愛読するSF作家、イアン・M・バンクスの小説に登場する宇宙船の名前からきているとのことである。

深海生物学者とタッグを組む

このミッションが、単なる冒険や探検、あるいは技術開発のためだけではなかったことにも注目したい。ヴェスコーヴォは著名な海洋生物学者とタッグを組み、学術的な面でも世界最高レベルのミッションを目指した。超深海の観測研究では第一人者であるアラン・ジェイミソン博士（英国ニューキャッスル大学）が、プレッシャー・ドロップ号の首席研究員として乗船したのだ。

ジェイミソンは、これまで日本海溝やマリアナ海溝など世界各地の超深海を研究フィールドとし、生物の生態や分布に関する研究を先導してきた気鋭の生物学者である。たとえば、超深海に棲むヨコエビの体内が人間由来の有機汚染物質（ＰＣＢｓやＰＢＤＥｓ）によって著しく汚染されているのを発見し、２０１７年に科学雑誌『ネイチャー（Ecology & Evolution）』を通じて警告を発したことで知られる（この研究については、第10章で改めて触れる）。また、著書『The Hadal Zone』は、超深海のサイエンスを初めて総合的にまとめた教科書として、学界の高い評価を得ている。

このミッションにおいて超深海の研究に大きな威力を発揮したのが、**ランダー**（Lander）と呼ぶ、自動浮上式の観測機器パッケージ（１０００×１５００×１８００ミリメートル）だ。プレッシャー・ドロップ号船上に３台標準装備されている（**図４・４**）。ランダーの投入は、母船

［図4.4］ 3台のランダー

「プレッシャー・ドロップ号」船上。筆者撮影

から海底への自然落下で、観測終了後はおもりを切り離して浮上させる。ちなみに、これらのランダーの基礎設計を行ったのは、アメリカの高校生グループとのこと。

ランダーには、超深海の海底で作動するさまざまな現場観測装置が組み込まれている。自分の位置決めをするための音響トランスポンダーのほか、CTDセンサー（C：電気伝導度、T：温度、およびD：深度を現場で計測する）、ニスキン採水器、テレビカメラ、生物捕獲用の網かご、海底堆積物採取コアラーなど多彩な機器と試料収納箱が、3台のランダーに区分けして取り付けられる。

リミティング・ファクター号の潜航

に先立って、2台または3台のランダーが適当な間隔をおいて海底面に設置される。これらは、潜水船が自分の位置を正確に知るための三角測量の基準点となる。潜水船が海底で活動している間、あるいは海況悪化で潜航できないときも、各ランダーは独自に海底の環境情報を取得したり、映像を記録したり、生物を誘引・捕獲したりする。潜水船とランダーとの効率的な組み合わせによって、超深海の観測と試料採取が効率的に実施されたようだ。

まず大西洋の最深部、プエルトリコ海溝へ

ミッションは大西洋からはじめられた。

大西洋で最も深いのはプエルトリコ海溝である（図4・5）。この海溝は、プエルトリコ島、およびその東方〜南方へ湾曲して延びる小アンティル諸島の外側を囲むように湾曲しており、北アメリカプレートとカリブプレート（カリブ海全域）との境界をなしている。大西洋中央海嶺で生まれた北アメリカプレートは、年間約2センチメートルの速さで、ほぼ西向きに移動している。そしてカリブプレートと横ずれ断層を形成しながら、一部がカリブプレートの下に沈み込んでいると考えられる。

両プレートの境界では、とうぜん歪みが蓄積される。そのため数十年程度の間隔で、大規模な地震が起こる。津波もしばしば発生している。１９４６年に発生したマグニチュード８・１の地

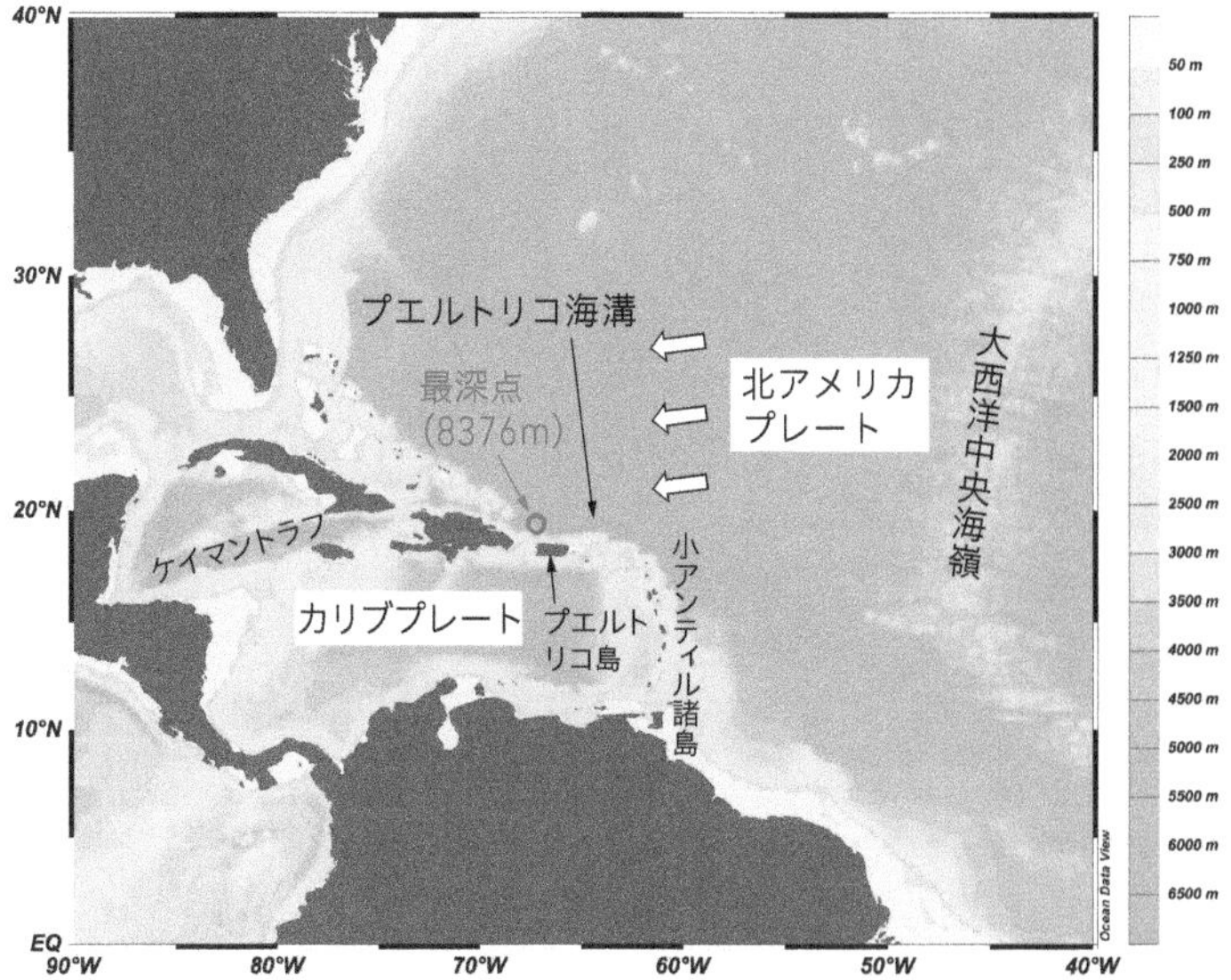

[図4.5] プエルトリコ海溝とその周辺の海底地形図

カリブプレート（プエルトリコ島、イスパニューラ島、ケイマントラフ、中米、南米北部、小アンティル諸島で囲まれた部分）の下側に、北アメリカプレートの一部が東側から沈み込んでいると考えられる震と津波では、犠牲者が約1600名に達した。

プエルトリコ海溝の存在が最初に知られたのは、チャレンジャー号の世界一周航海（1872〜1876年）のときである。1873年3月、プエルトリコ島の東方に隣接する聖トーマス島に寄港したチャレンジャー号が、北へ向かって出港してすぐ、錘測法によって7087メートルの深淵を発見したのだ。その後、1939年に米国海軍のミルウォーキー号がくわしい地形探査を行い、最深部の水深を8740メートル（位置：北緯19度35分、西経66度30分）と報告した（船名をとって、この最深部をミルウォーキー海淵と呼ぶようになった）。

1964年5月から7月にかけて、前章で紹介したフランスのバチスカーフ「アルシメード号」が、プエルトリコ海溝に10回潜航した。潜航最大深度は8300メートルだった。このとき、深さ3100メートルの深海底と7300メートルの超深海底にフランスの海洋生物学者ジャン＝マリー・ペレス博士が潜航し、底生生物（甲殻類や魚類など）について先駆的な観察記録を公表している。

ヴェスコーヴォによるミッションに話を戻そう。プレッシャー・ドロップ号には、世界最高クラスのマルチナロービーム音響測深機（Kongsberg社のSIMRAD EM124型）が装備されている。この音響測深機により、プエルトリコ海溝の地形調査がまず入念に行われた。その結果、プエルトリコ海溝の最深点は、北緯19度42・82分、西経67度18・65分にあり、深さは8376±5メートルであることがわかった。かつてのミルウォーキー海淵のデータは否定された。

この海域で予定された潜航は4回だった。しかし1回目と2回目の潜航はハッチからの漏水が止まらず中断。3回目は深さ1000メートルの海底へのテスト潜航となり、成功したかに見えたが、海底作業中にマニピュレータが落失し、浮上後の母船への揚収時にスラスターが2基破壊されるなど事故が続いた。チャンスはあと1回しかない。鋭意補修処置が施される中、船内には悲壮な空気も流れていた。

2018年12月19日、ヴェスコーヴォが単独乗船したリミティング・ファクター号が海面に下ろされ、約2・5時間下降した後、目標点の海底に無事到達した。海底面にはリップルマークが見えたという。大西洋最深点への初の単独潜航という快挙が、きわどいところでまず達成されたのである。

南極海、絶叫する海の間隙を突いて潜航

次のターゲットは南極海だった。南極海とは、南緯60度線と南極大陸とにはさまれた海域のことである。プレッシャー・ドロップ号は南アメリカ大陸に沿って大西洋を南下し、南極海の最深域、南サンドウィッチ海溝へと向かった。この海域には緊急入港できる港がまったくない。そこで急病人に対応できるよう、船医が同乗していた。

南極海およびその周辺（南緯50度以南）の海底地形図を**図4・6**に示す。南極大陸の西経30～

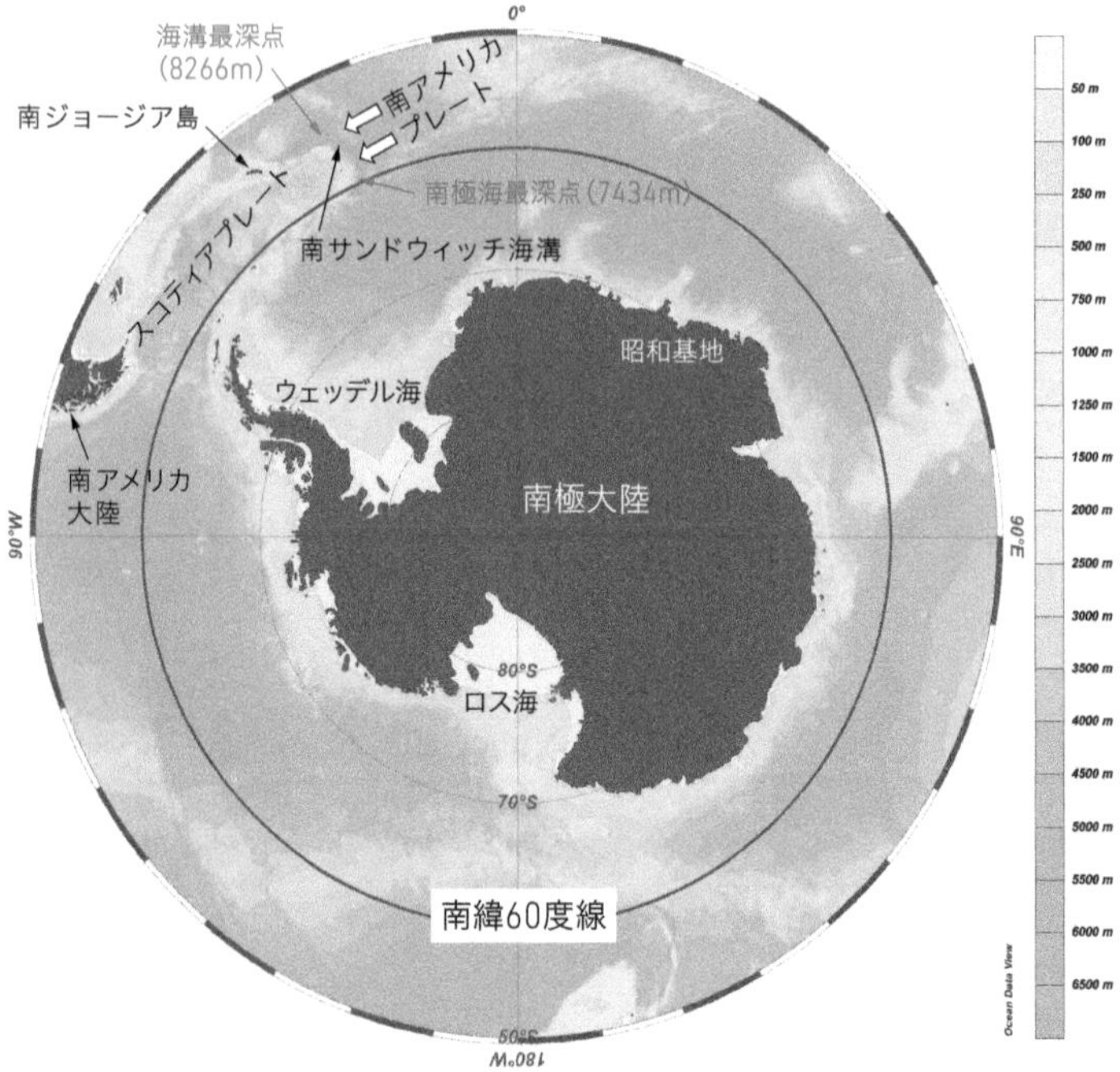
0°
海溝最深点
(8266m)
南アメリカ
プレート
南ジョージア島
スコティアプレート
南極海最深点(7434m)
南サンドウィッチ海溝
昭和基地
ウェッデル海
南アメリカ
大陸
南極大陸
90°W
90°E
80°S
ロス海
70°S
南緯60度線
60°S
180°W
50 m
100 m
250 m
500 m
750 m
1000 m
1250 m
1500 m
2000 m
2500 m
3000 m
3500 m
4000 m
4500 m
5000 m
5500 m
6000 m
6500 m
Ocean Data View

[図4.6] **南緯50度以南の海底地形図**

50度付近に、深く切り込んだように見えるのがウェッデル海で、その北方に南サンドウィッチ海溝がある。南緯54~62度にまたがり、三日月のように湾曲した海溝である。ここでは、南アメリカプレートの最南部が、西向きにスコティアプレートの下に沈み込んでいる。そして三日月の最南部が、少しだけ南極海にはみだしている。そこが南極海の最深部なのである。

海溝内の海水温が0℃以下なのは、世界中の海溝でここだけだ。海溝底がどんな環境でどんな生物がいるのか、学術的にもたいへん注目されていた。

南大西洋を南下して南極海に近づいていくと、南緯40度を越えるあたりから、海況は格段に悪くなる。一年を通じて強い西風が吹き、しかも低気圧が頻繁に通過するので、海面は大荒れのことが多い。昔から船乗りに、「咆《ほ》える40度、狂う50度、絶叫する60度」と恐れられてきた緯度帯である。

プレッシャー・ドロップ号も、この荒れ狂う海の洗礼をたっぷり受けることとなった。一般に極域の天候は、夏季のほうが冬季に比べればまだ静かである。そこでこの南極海航海も、南半球の夏である1月から2月にかけて日程が組まれた。それでも海況は相当厳しかったらしい。ヴェスコーヴォが船上から発信したブログ記事には、頻繁に予想天気図がはさみ込まれ、天候の変化に一喜一憂していたようすが切々と伝わってくる。

最初の潜航は、2019年2月4日、悪天候の合間をうまく縫って実施された。表層海水は氷点下の冷たさで、潜航を開始した耐圧殻の中でヴェスコーヴォはエベレストに登頂したときと同じ防寒靴を履くなどして寒さを凌いだ。潜航中に母船との交信が途絶えるアクシデントに見舞われたものの、世界初の南極海最深点（7434±13メートル）への単独潜航が、みごと達成された。位置は、南緯60度28・46分、西経25度32・32分であった。浮上したリミティング・ファクター号に吊り上げ用のロープをかけるため厳寒の海を泳いだスイマーが低体温症で倒れたが、船医の適切な処置で大事にいたることはなかった。

2回目の潜航（南大西洋側にある、南サンドウィッチ海溝としての最深点）が、低気圧と低気圧の合間をとらえて、2月10日に決行された。予想天気図によれば、15時間程度は安定した天候が続くと期待された。しかし運悪く、着水した直後に大きな波が来た。ヴェスコーヴォとジェイミソンの乗船したリミティング・ファクター号は軽々としゃくられて母船に激突し、水中カメラがもぎ取られるなど大きな損傷を受けた。潜航はいったん強行されたが、潜水船の電源系統から油漏れが見つかり、潜航400メートルで急遽中止となった。無事浮上したものの、海況の悪化により潜水船の揚収は困難を極めた。吊り上げがうまくいかず、潜水船は船内に乗船者を残したまま、上下逆さまの状態で母船に収容されるというオマケもついた。

そんな中でプレッシャー・ドロップ号は荒天にもまれながらも、南サンドウィッチ海溝全域をカバーする海底地形マッピングを完遂した。それまでこの海域の地形データは限られており、人工衛星による海面高度データから間接的に推定した地形図が主として用いられていたので、音響測深による精密な地形図が作成されたことは、今後の研究に大いに役立つに違いない。

本観測により、南サンドウィッチ海溝の最深点の位置も書き換えられることになった。それまでこの海溝の最深点は、1926年にドイツの観測船「メテオール号」によって見いだされたメテオール海淵（位置：南緯55度25・12分、西経26度24・28分、深さ：8202メートル）と言われてきた。しかし、プレッシャー・ドロップ号による測深の結果、メテオール海淵から約25キロメートル離れた場所に、より深い海底（位置：南緯55度13・47分、西経26度10・23分、深度：8266±13メートル）のあることが明らかになったのである。ここでも潜航が試みられたが残念ながら中止されたことは、先に述べたとおりである。

インド洋最深点はどこか？

南極海の荒天域に別れを告げたプレッシャー・ドロップ号は、南アフリカのケープタウンを経て、3番目の大洋、インド洋に入った。南極海での潜航には間に合わなかったが、新品のマニピュレータがリミティング・ファクター号にしっかり取り付けられた。それまで過酷な海況での作業を繰り返したことによって、リミティング・ファクター号の潜航・揚収オペレーション技術はしだいに向上し、安全な作業が短時間で進められるようになっていった。

インド洋の最深点とは、さてどこだろう。**図4・7**に示したのは、東インド洋の海底地形図である。インド洋には海溝がひとつしかない。スマトラ島からジャワ島などインドネシアの南側を

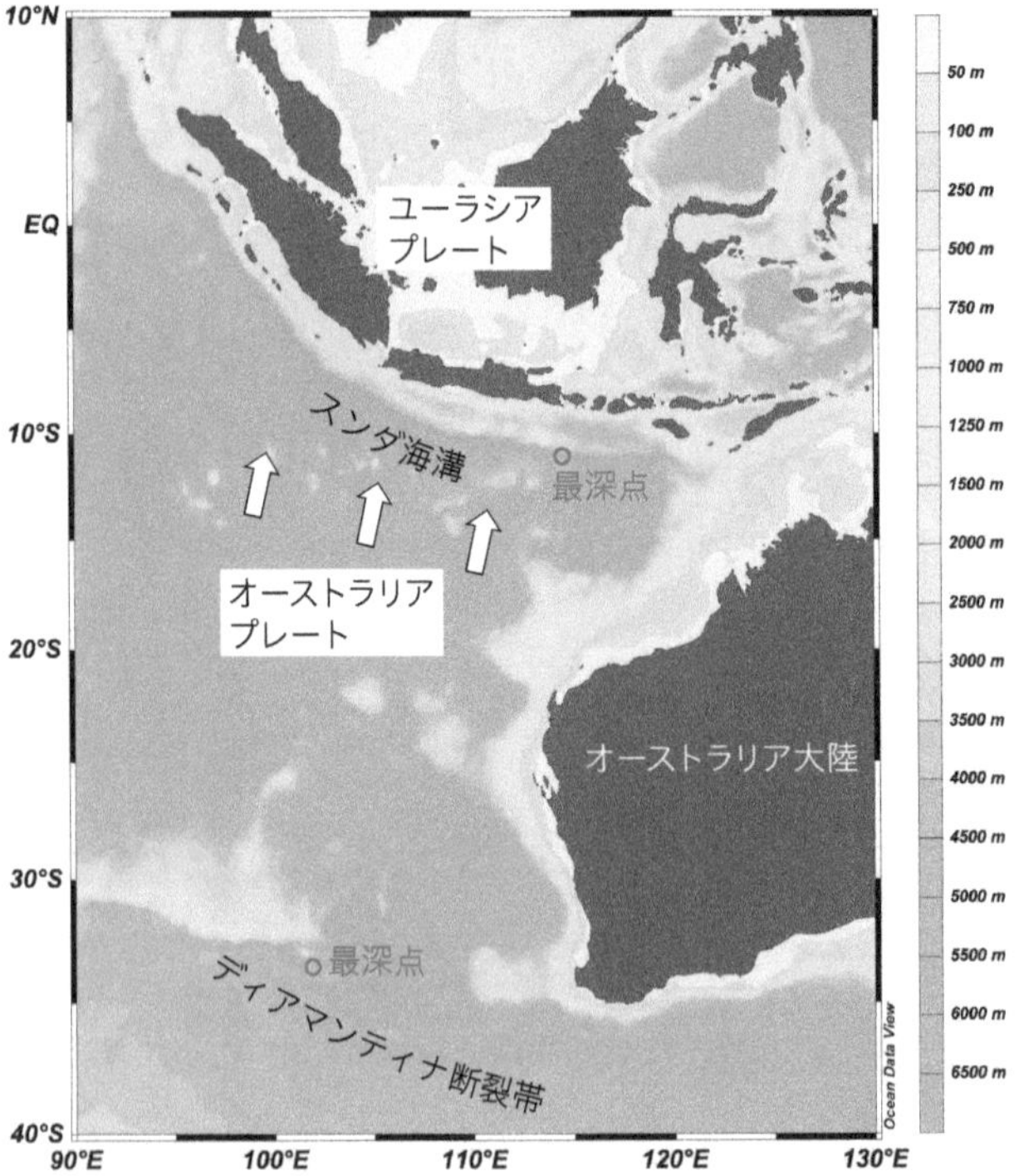

［図4.7］ **スンダ海溝およびディアマンティナ断裂帯を含む東インド洋の海底地形図**

赤丸はそれぞれの最深点の位置

湾曲して延びるスンダ海溝（ジャワ海溝とも呼ぶ）だ。『理科年表２０２０』によれば、スンダ海溝は長さが４５００キロメートルもあり、ひとつの海溝としては世界最長である。インド洋を北上するオーストラリアプレートが、ここからユーラシアプレートの下に沈み込んでいる。

するとで目標点（インド洋最深点）はスンダ海溝のどこかにあるのだろうか。しかしインド洋にはもう一ヵ所、非常に深い場所がある。それはディアマンティナ断裂帯で、オーストラリア大陸の西方にある。ここはプレートの沈み込み帯ではなく、断層運動によってできた細長く深い急崖地形である。従来は、スンダ海溝のほうがたぶん深いと言われてきた。しかしその最深点の深さや位置データはまちまちで、信頼できる測深データは十分とは言えなかった。

インド洋の最深点に潜航する以上、どこが最深点なのかはっきりさせなければならない。そこで、プレッシャー・ドロップ号のマルチビーム音響測深機がここでも大活躍した。徹底的な地形探査が実施され、スンダ海溝とディアマンティナ断裂帯の精緻きわまる地形図が、初めて作成された。さて、軍配はどちらに上がっただろうか？

インド洋最深点の深さは７１９２±13メートルで、スンダ海溝の東部、南緯11度７・７３分、東経１１４度56・５０分で観測された。いっぽう、ディアマンティナ断裂帯の最深値は、スンダ海溝にわずかにおよばない７０１９±17メートルで、南緯33度37・８７分、東経１０１度21・２３分で測定された。

こうして潜航地点がスンダ海溝に決まった。そして２０１９年４月５日、ヴェスコーヴォが、その最深点への単独潜航を完遂した。これはインド洋最深点への最初の有人潜航であり、大西洋、南極海に続き、三たび世界初の偉業が達成された。この地点ではさらに、Triton Submarines社・社長のパトリック・レイヒが操縦桿をにぎり、ジェイミソンを伴って、水深7180メートルの海底に潜航した。

これらの潜航によって、海底付近で新種のクサウオ（超深海魚の一種）が発見された。またこれまで誰も見たことのない奇妙な生物——ゼラチン状の、ホヤかクラゲのような超深海生物（新種と思われる）——が見つかった。着底したランダーの直前を、ヒモをたらした風船のようにふわふわ移動していたという。その動画が、CNNやCNETなどのマスコミを通じていち早く公開され、大きな話題を呼んだ。

太平洋マリアナ海溝チャレンジャー海淵で5回潜航

2019年4月下旬、プレッシャー・ドロップ号は5大洋の中で最大の太平洋に入り、いよいよ本ミッションはヤマ場を迎えた。

太平洋の最深点といえば、本書でこれまで何度も出てきたマリアナ海溝のチャレンジャー海淵である（図4・8）。世界の最深点でもある。第3章で述べたように、過去にわずか2回（潜航者は合わせて3名）だけ潜航例がある。1960年のトリエステ号と、2012年のディープ

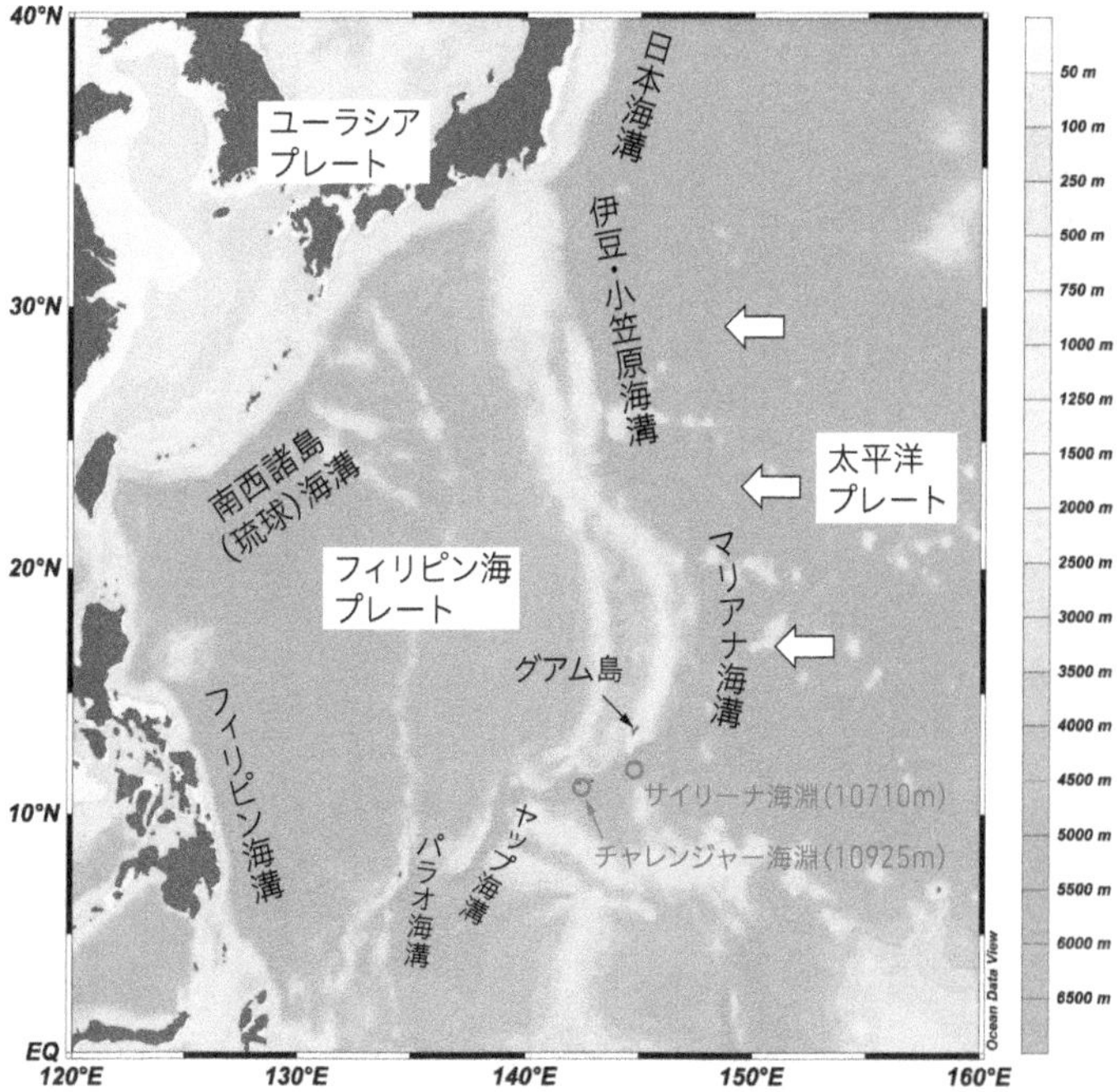

[図4.8] **マリアナ海溝を含む北西太平洋の海底地形図**

シー・チャレンジャー号だ。両潜水船とも1回ずつ、チャレンジャー海淵をきわめている。

これまで登場した3つの海溝、プエルトリコ海溝、南サンドウィッチ海溝、およびスンダ海溝に比べると、マリアナ海溝は群を抜いて深い（表1・1参照）。なぜだろうか？　その理由は第1章でも少し述べたが、以下のように考えられている。

西太平洋で沈み込む太平洋プレートは、約1億年という長い時間をかけて太平洋を横断してきたものだ。そのため冷え切って重く、かつ堆積物が分厚くたまっている。そのように重たいプレートが、年間約10センチメートルと比較的高速で沈み込むので、海溝は否応なしに深くなるのであろう。それに加え、湾曲したマリアナ海溝の南西側（つまりチャレンジャー海淵のあるあたり）では、地殻とマントルの間で複雑な相互作用が起こり、海底をさらに深めていることが、ハワイ大学の地質学者パトリシア・フライヤー博士の研究によって明らかにされている。そんな関係もあり、太平洋での航海には科学者のひとりとしてフライヤーも同乗していた。

2019年4月28日から5月7日、リミティング・ファクター号は、ほぼ1日おきに合計5回マリアナ海溝に潜航した。うち4回がチャレンジャー海溝へ、残りの1回がチャレンジャー海淵の東方約240キロメートルにあるサイリーナ海淵（Sirena Deep、深さ1万710メートル）への潜航だった。

チャレンジャー海淵の拡大地形図（**図4・9**）を見ると、東西約60キロメートルの海溝底に、3つの細長い凹み（東側、中央、および西側）が並んでいる。どの凹みも深さはほとんど違わな

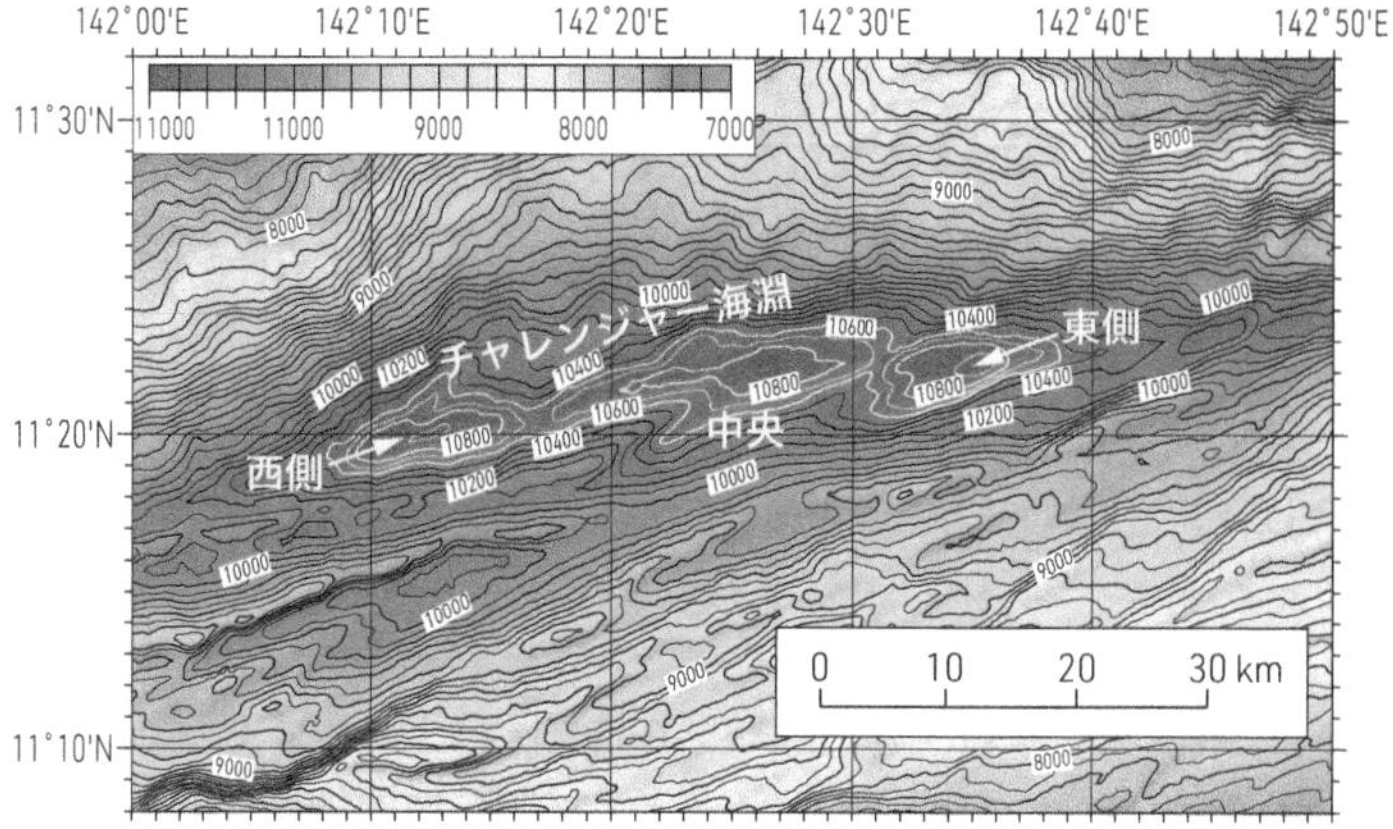

［図4.9］ **チャレンジャー海淵の詳細な海底地形図**

い。1960年にトリエステ号が着底したのは西側の凹み、2012年にディープシー・チャレンジャー号が着底したのは東側の凹みである。今回リミティング・ファクター号は、東側の凹みにまず3回、続いて中央の凹みに1回潜航した。

ヴェスコーヴォが、まず単独で東側の凹みに2回潜航。世界で4人目のチャレンジャー海淵潜航者になるとともに、世界初の、複数回にわたる単独潜航を果たした（あくまで世界初にこだわった）。到達した最大深度は1万925±8メートル。海面から海底まで到達するのに3・5時間、海底に4時間滞在し、海面まで浮上するのに再び3・5時間、そして海面での着水・揚収にかかる時間も加えると、約12時間にわたる潜航であった。

これだけの長時間だと、昼間のうちに終わらない。ブログ記事に添付された写真を見ると、暗い夜の海で浮上・揚収作業が行われたようだ。危険はないのだろうか。後日プレッシャー・ドロップ号の船員さんに聞いてみたところ、夜間のほうが、潜水船のライトを識別しやすい利点もあり、揚収作業にとくに支障はないそうである。

プレッシャー・ドロップ号には、1960年にトリエステ号で初めてチャレンジャー海淵に潜航した2名のひとり、ドン・ウォルシュ（88歳）が乗船していた。ブログの写真を見ると、潜航を終えたばかりのヴェスコーヴォと船上で待機していたウォルシュとの間で、固い握手が交わされている。

3回目および4回目の潜航は、いずれもレイヒが操船し、**DNV－GL監査員**＊であるドイツのヨナサン・シュトルーヴェ、および英国の潜水船設計者で、リミティング・ファクター号の設計を担当したジョン・ラムゼーが同乗した。3回目の潜航では、海底にめり込んで浮上できなくなっていたランダー（1台）を、リミティング・ファクター号のマニピュレータで救出するという離れ業に成功した。続く4回目の潜航は、中央の凹み（最大水深約1万915メートル）に場所を移して実施された。

マリアナ海溝で最後の潜航は、ヴェスコーヴォとジェイミソンの両名が乗船し、サイリーナ海淵における初の有人潜航となった。サイリーナ海淵は、1997年に、フライヤー率いるハワイ大学の研究チームが、曳航式海底探査システム（HAWAII MR1）を用いて発見した深みである。サイリーナというのは、グアム島の人魚伝説に登場する女の子の名前だそうだ。この潜航では海底から岩石試料（おそらくマントル物質）が採取され、フライヤーを狂喜させた。

このあと、プレッシャー・ドロップ号は、南太平洋のトンガ海溝ホライゾン海淵——世界で2番目の深淵——に移動し、最深点（1万823メートル）にヴェスコーヴォが単独潜航した。潜水船の電気回路にショートが発生したため、潜航はこの1回のみに終わった。ここでも潜航前にくわしい地形マッピングが実施されたが、トンガ海溝にはチャレンジャー海淵を超える深みはなく、ホライゾン海淵が世界で2番目の深淵であることが再確認された。

北極海最深部モロイ・ホール

ミッションの最後を飾ったのが、北極海最深部への潜航である。

この潜航は当初は本ミッションの最初に、つまり2018年の9月に実施される計画だった。ところが、リミティング・ファクター号の完成が遅れたために、翌年に回されることになった。海氷に覆われることのない8〜9月の短い夏季しか、この海域での潜航はできないのだ。

＊DNV-GLとは、リスクマネジメントに関わる第三者認証機関（財団）で、Det Norske Veritas（ノルウェー）と、Germanischer Lloyd（ドイツ）の合併により19世紀に設立された。DNV-GLは、さまざまな分野で認証や技術コンサルティングに関わるほか、船級協会（船舶の諸設備を検査し、保険や売買に必要な資格・等級などを認定する）の役割も果たしている。リミティング・ファクター号による本ミッションに先立ち、潜水船としての仕様・性能・安全性などがDNV-GLによって精査され、「フルデプス潜水船として問題なし」のお墨付きが与えられた。

北極海の境界線は、ユーラシア大陸、北アメリカ大陸、グリーンランド、およびアイスランドといった陸の海岸線でほぼ決められている。図4・10は、北緯60度以北の陸と海底地形を示しているが、この図に含まれている海は、アイスランドを通る破線の南側（大西洋）とベーリング海峡の南側（太平洋）を除くと、すべて北極海である。

この角度から見た北極海は、その中央やや下が細くくびれているので、大相撲の天皇賜杯や、FIFAワールドカップのトロフィーを連想させる（そんな気がしませんか？）。北極海で最も深いのは、このトロフィーのちょうどくびれたところ、グリーンランドとスヴァールバル諸島にはさまれたフラム海峡の中にあるMolloy Hole（北緯79度8分、東経2度49分、Molloy Deepとも呼ばれる）である。本書では、以下「モロイ・ホール」と呼ぶことにする。

ここまで述べてきた4大洋では、最深点がすべて海溝の底にあったのに対し、モロイ・ホールだけは海溝底ではない。図4・10右の拡大図に示したように、フラム海峡のほぼ中央に、モロイ海嶺と呼ぶ、長さ約70キロメートルの短い海嶺がある。モロイ・ホールがあるのは、その海嶺の南端近くである。

大西洋を南北に縦断する大西洋中央海嶺と、北極海のガッケル海嶺との間には、小規模な海嶺が飛び石のように連なっている。モロイ海嶺はそのひとつで、北側がリーナ・トラフを経てガッケル海嶺とつながっている。またモロイ海嶺の南側は、クニポヴィッチ海嶺やモウンズ海嶺などが、断裂帯をあいだにはさんで続き、大西洋中央海嶺の北端にいたる。これらの海嶺やトラフの

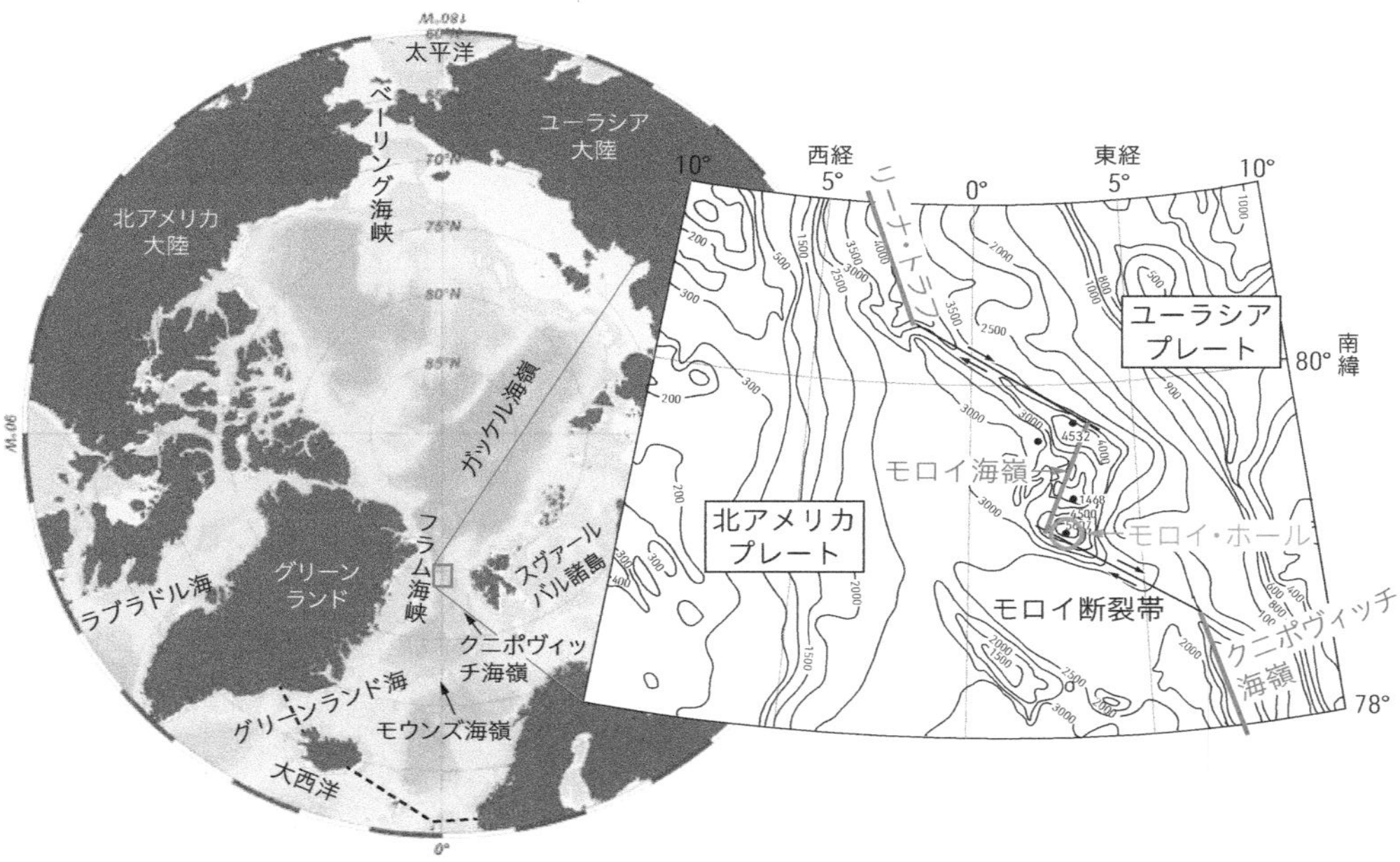

［図4.10］ **北緯60度以北の地形図**

フラム海峡のほぼ中央に、北極海最深点モロイ・ホールが位置している。拡大地形図は、Thiede et al.（1990）に加筆東側がユーラシアプレート、西側が北アメリカプレートで、両者は少しずつ引き裂かれつつある。

モロイ海嶺とクニポヴィッチ海嶺との間には、モロイ断裂帯（Molloy Fracture Zone）と呼ぶトランスフォーム断層がある。モロイ・ホールは、モロイ海嶺とモロイ断裂帯との曲がり角付近に位置しており、ほぼ円形（直径約20キロメートル）の凹みで、モロイ海嶺の山頂から2000メートル以上落ち込んでいる。まさに奈落の底だ。その成因については、まだよくわかっていない。

スヴァールバル諸島最大のスピッツベルゲン島ロングイェールビーンを出港したプレッシャー・ドロップ号は、極寒の海を目的地へと向かった。2019年8月24日、ヴェスコーヴォが単身操るリミティング・ファクター号は、気温マイナス8℃、水温マイナス2℃と氷の浮かぶ海に潜航し、モロイ・ホール最深点（深度5551±14メートル）に無事到達した。この潜航により、ミッション当初の目標がすべて達成されたのである。

超深海の研究振興へ、高まる期待

リミティング・ファクター号は、フルデプス潜航することを最優先につくられたスリムな潜水船で、必要最小限の装備しか身につけていない。そのため超深海底でのデータ収集や試料採取では、3台のランダーの果たす役割がたいへん大きい。

本ミッションを通じて、ランダーは13地点で、のべ100回以上、設置・回収が繰り返された。採取された生物個体数は40万以上におよび、90ページで触れたインド洋の奇妙な生物をはじめ、約40種の新種の生物が発見された。多数の海水や岩石試料も採取された。これら膨大な試料にもとづく研究成果が、ジェイミソンや共同研究者たちによって、いま続々と公表されつつある。

プレッシャー・ドロップ号は、潜航海域のみならず、現場へ向かう航走中にも、つねにマルチビーム音響測深機を作動させ、海底地形図を作成し続けた。何のためだろうか？　じつは、ヴェスコーヴォを代表とする本ミッションは、日本財団－GEBCO Seabed 2030プロジェクト（2030年までに海底地形図100パーセント完成をめざす）との間で協定を結んでいた。今回の貴重な海底地形データは、協定に従って上記プロジェクトに提供され、今後広く世界の人々に活用されることになるであろう（GEBCOについては42ページ参照）。

なお、リミティング・ファクター号が探査した超深海底の絶景や、プレッシャー・ドロップ号船上での作業風景は、高画質映像として記録されており、Discovery ChannelやScience Channelによって、一般向けテレビ放映されることになっている。また、アメリカのライター、ジョシュ・ヤング（Josh Young）氏が本ミッションの詳細を描いた書籍『Expedition Deep Ocean』（Pegasus Books）も2020年12月に出版された。多くの人々の視線が深海や超深海に向けられ、学術的な研究にも拍車のかかることが期待される。

今後、リミティング・ファクター号が、世界の深海・超深海探査にどう活用されるのか明らかではないが、ぜひフルデプス潜水船としての利点を生かして、新たな発見と謎の解明に向かってほしいものである。

第5章

海を上下にかき混ぜる
——深層大循環のしくみ

表面の海水が休みなく動いていることは、たとえば黒潮や親潮のような表面海流の動き、あるいは規則的に潮が満ちたり引いたりする海水準の変化などから、容易にイメージすることができる。

いっぽう、目には見えない深海でも、ゆっくりではあるが海水は動いている。本章では、このような深層海水が、世界中の海をつないで巡っていること、そして深層水の循環が大気を含めた地球環境の維持にとって欠くべからざる役割を果たしていること、についてお話ししたい。

表面の海流が大気の動きと連動しているのに対し、深層の海水の動きは、海水の密度の大小（重いか軽いか）によって制御される。重い水は沈み、軽い水は浮き上がる、というわけであるが、さて具体的にどのようなしくみで、深層水の循環は維持されているのだろうか？

海洋の成層構造

湯船にお湯を入れたままにしておくと、やがて浴室の空気や湯船の壁に熱を奪われて、お湯の温度は下がっていく。半日か1日後に湯船に手を入れてみると、底に近いほど水温が下がっていることに気づく。水は4℃で密度が最大となる。それ以上の温度では、冷たくなった水ほど重いので下へ沈み、比較的高温の軽い水は表面に浮き上がるのだ。

海でも原理的に同じことが起こる。海水も、温度の低下とともに密度が増加していく。ただし海水と真水には大きな違いがある。**塩分***25以上の海水であれば、4℃を過ぎ、氷点（約マイナス1・8℃）にいたるまで、密度は一方的に上がり続ける。世界中の海水の99パーセント以上が、塩分33〜37の範囲に入るので、ほぼすべての海水に当てはまる性質と考えてよい。

そして海水の密度を変えるのは、温度だけではない。塩分もまた重要な因子だ。つまり塩分の高い海水ほど密度は大きくなる。

われわれにとって身近な、熱帯から亜寒帯の外洋域（緯度にして0〜60度くらいまで）についてまず考えよう。ふつう表面に高温で密度の低い海水があり、深さとともに水温は下がって、密度は増加していく（塩分の分布は水温より複雑であるが、塩分の変化は一般に小さく、外洋域の海水の密度分布は主として水温の分布に依存する）。つまり密度の高い深層水の上に、密度の小さい表層水が浮かんでいるかたちである。これを海の**成層構造**という。物理的に安定な状態なので、このようなとき表層と深層の海水が自然に入れ替わることは決してない。

もしすべての海で、このような成層構造が強固に維持されていると、表面の海水と深層の海水との入れ替わりがなくなる。するとたいへん不都合なことが起こる。深層に生物が棲めなくなっ

* 塩分とは、海水1キログラム中に溶けている塩類の総重量（グラム数）のことで、たとえば35グラム溶けていれば、「塩分35」と表示する。以前は、35のあとに‰（パーミル：1‰は1000分の1を表す）をつけていたが、現在は塩分は無名数で表すことになっている。なお、塩分とはそもそも塩濃度を意味するので、塩分濃度という用語はない（ときどき見かけるが、誤用である）。

てしまうのだ。

海洋における生物活動には、酸素ガスが不可欠である——呼吸のためだ。また、生物の排泄物や死骸（有機物）が酸化分解を受けて栄養塩が再生され、それが表層に戻ってリサイクルされることによって、海洋生態系が持続する。この大切な酸素ガスをつくり出せるのは、太陽の光エネルギーを利用した、植物プランクトンの光合成である（浅海では海藻・海草による光合成もある）。そして光合成は、海のごく表面でしか起こらない。それは、海水が光合成に必須の可視光線を通しにくいためである。深さ200メートルくらいから下の海は真っ暗で、光合成はなくなる。

もし海洋全体が成層構造にあるとしたら、深層水は表層から酸素の補給を受けることができない。深層の酸素はやがて使い尽くされ、生物の棲めない無酸素状態に陥ってしまうだろう。

しかし現実の海洋では、深層水が無酸素状態であることはほとんどない。成層構造を破り、表層から深層へ酸素を運ぶ、自然のしくみがあるためである。密度の高い（重い）海水がどこかでつくられ、それが深層まで沈んで酸素を補給するのだ。それはどこで、どのように起こるのだろうか？

最も冷たく、重い海水が形成される場所

図5・1は、海の成層構造を横から見たものである。赤色で示した高温で軽い表層水が、水温

の急降下する躍層（サーモクライン）をはさんで、青色の低温で重い深層水の上に浮かんでいる。しかしこの成層構造には穴があいている。その穴の場所とは、北緯60度以北、あるいは南緯60度以南の、いわゆる極域である。

これらの海域では、気候が非常に寒冷——とくに冬季は——であるため、表面海水は冷やされて密度が増加する。氷点まで冷やされると氷結がはじまる。氷はほとんど真水なので、その外に塩が吐き出される。すると海水の塩分は増加し、密度がさらに高まる（図5・2）。このように極域の表面では、水温の低下と塩分の増加により、海水の密度が上昇していく。

周囲よりも高密度となった表面海水（酸素を豊富に含んでいる）は、重力の作用で海底に向かってズブズブと沈む。どの深さまで沈むかは、その海域の密度構造しだいであるが、沈み込む海水の密度が十分に高ければ、深さ数千メートルの深海まで到達する。

北極海について考えてみよう。前章の図4・10に示したように、北極海は大陸によって囲まれた閉鎖的海域であるが、グリーンランド周辺のラブラドル海やグリーンランド海は、深層まで大西洋とつながっている。これらの海域で沈み込んだ高密度水——**北大西洋深層水**と呼ばれる——は、大西洋に流れ込み、その深さ2000〜4000メートルを南下する。いっぽう、南極海（図4・6参照）でも、ウェッデル海、ロス海、その他南極大陸沿岸のあちこちで、深海底に届く沈み込みが起こり、**南極底層水**が形成される。後述するように、南極底層水は南極大陸の周囲を循環しながら、その一部が大西洋、インド洋、および太平洋の底層に流入する。

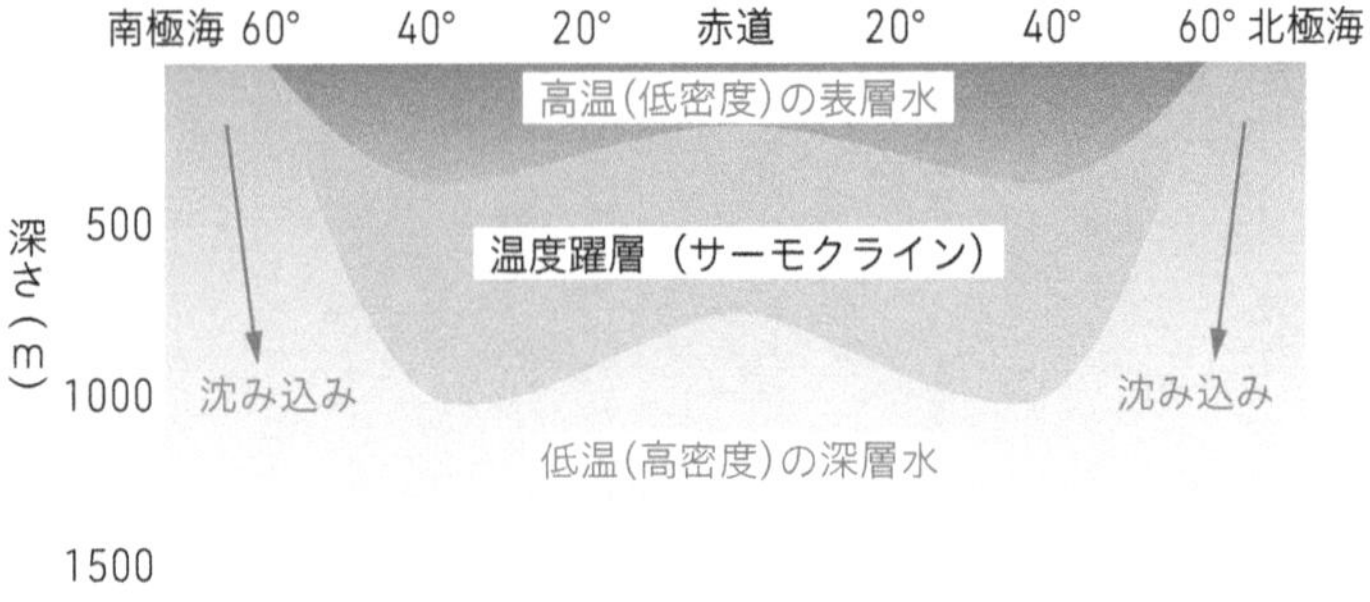

[図5.1] **海洋の成層構造と極域における高密度海水の沈み込み**
The Open University(1989)の図に加筆

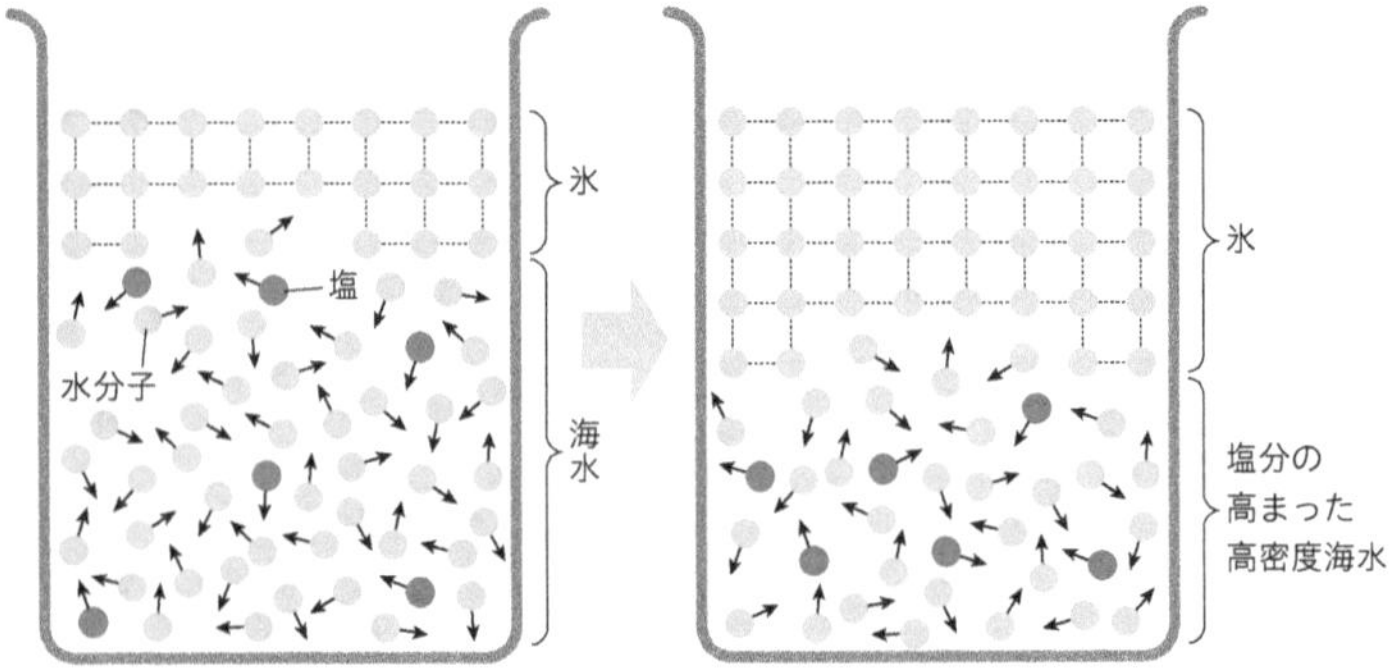

[図5.2] **氷ができると海水の密度が高まる**

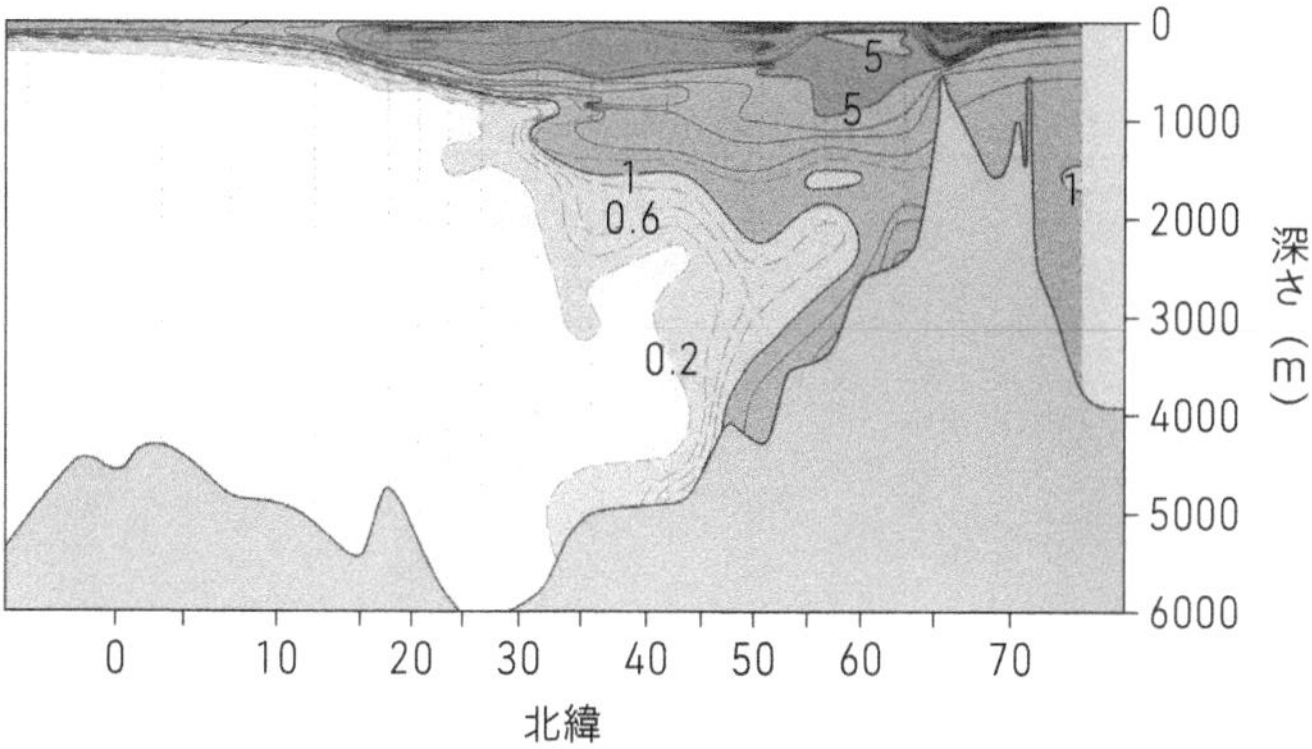

［図5.3］**北大西洋において1972年に測定されたトリチウムの濃度分布図**
トリチウム濃度の単位はTU（1 TUのとき、T/H＝10^{-18}）。Östlund et al. (1987) の図に加筆

右で述べたような表面海水の沈み込みを、海水中の放射性核種トリチウム（T）を用いて追跡できる。トリチウム（質量数3の水素原子〈^{3}H〉、半減期12・3年）は、1960年代前半に集中的に実施された大気核実験によって大量に生成した。そして大気中の水（H_2O）の水素原子ひとつと置き換わってHTO（トリチウム水）となり、地球上に雨として降り注いだ。海洋表面に降下したトリチウム水は、海水と完全に一体化し、海水の動きを忠実に反映した分布を示すことになる。

図5・3は、北大西洋において1972年に観測されたトリチウムの濃度断面図である。赤色が濃いほどトリチウム濃度が高いことを示している。北緯60度以北のグリーンランド海において、大気核実験後に沈み込んだ海水（トリチウム濃度が高い）が、北大西洋の海底地形に沿ってすべり落ち、大西洋の深層を南に向かって移行しつつある様子

がみごとにとらえられている。同じ観測を10年後に繰り返してみたところ、北大西洋深層水がさらに南へ移動している様子も明らかにされた。

このように、海水中に含まれている化学成分や放射性核種（これらを**化学トレーサー**と総称する）の濃度分布を描くことによって、目には見えない深層の海水の動きを克明に知ることができる。

全海洋を約２０００年で一巡するコンベアーベルト

前述したような、海水の密度の違いによって生じる深層水の動きのことを、密度を決めている水温（熱）と塩分（塩）にちなみ、**熱塩循環**（Thermohaline Circulation）と呼んでいる。熱塩循環の動きや、その時間スケールを、海洋全体にわたって知るにはどうすればよいだろうか？　その目的にぴったりの化学トレーサーがある。炭素－14（^{14}C）である。

炭素－14（放射性炭素ともいう）は、大気中の窒素原子（^{14}N）が、宇宙線由来の熱中性子と核反応を起こすことによって生じる放射性核種である。宇宙線量はほぼ一定なので、大気中の^{14}C濃度もほぼ定常的とみなせる。^{14}Cは、大気中の二酸化炭素ガスの中に$^{14}CO_2$として混ざり込み、大気と海洋との間で起こるCO_2ガスの交換過程を通じて、表面海水中にももたらされる。^{14}Cの半減期は５７３０年で、放射壊変（β^-壊変）して^{14}Nに戻る。

表面海水中に溶存する$^{14}CO_2$は大気中の$^{14}CO_2$と平衡状態にあるので、表面海水中の$^{14}CO_2$が放射

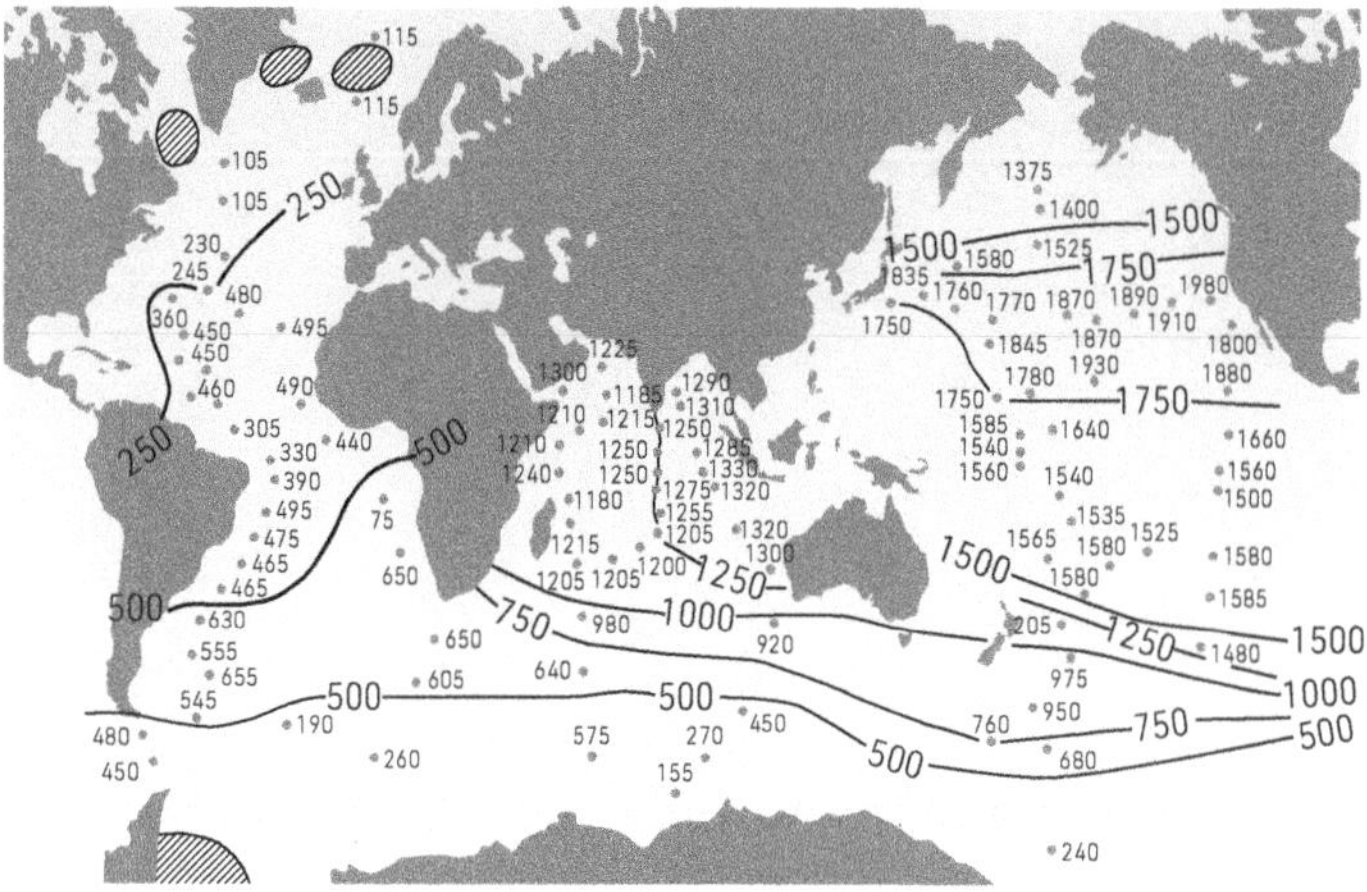

［図5.4］ **深層海水中の放射性炭素（^{14}C）濃度から求めた深層海水の年齢分布**
Broecker (1985) による

壊変で失われても、すぐに大気から補てんされ、減ることはない。ところが、表面海水が高密度となって深層へ沈み込んでしまうと、大気からの^{14}C補給を絶たれるので、^{14}Cは半減期に従って減少していく。したがって、海洋深層の^{14}C分布（表面海水に比べて^{14}Cがどのくらい減少しているか）を調べることによって、沈み込んで以後の経過時間（海水の年齢）や熱塩循環の向きを知ることができる。

図5・4は、世界中の深層水（深さ約3000メートル）の^{14}Cデータから算出された年齢値を、世界地図の上にプロットしたものである。この図には、熱塩循環に関する興味深い事実が、いくつも含まれている。まず言えることは、大西洋の年齢値が最も小さく（若く）、その次がインド洋、そして太平洋の年齢値が最も大きい（古い）ことである。太

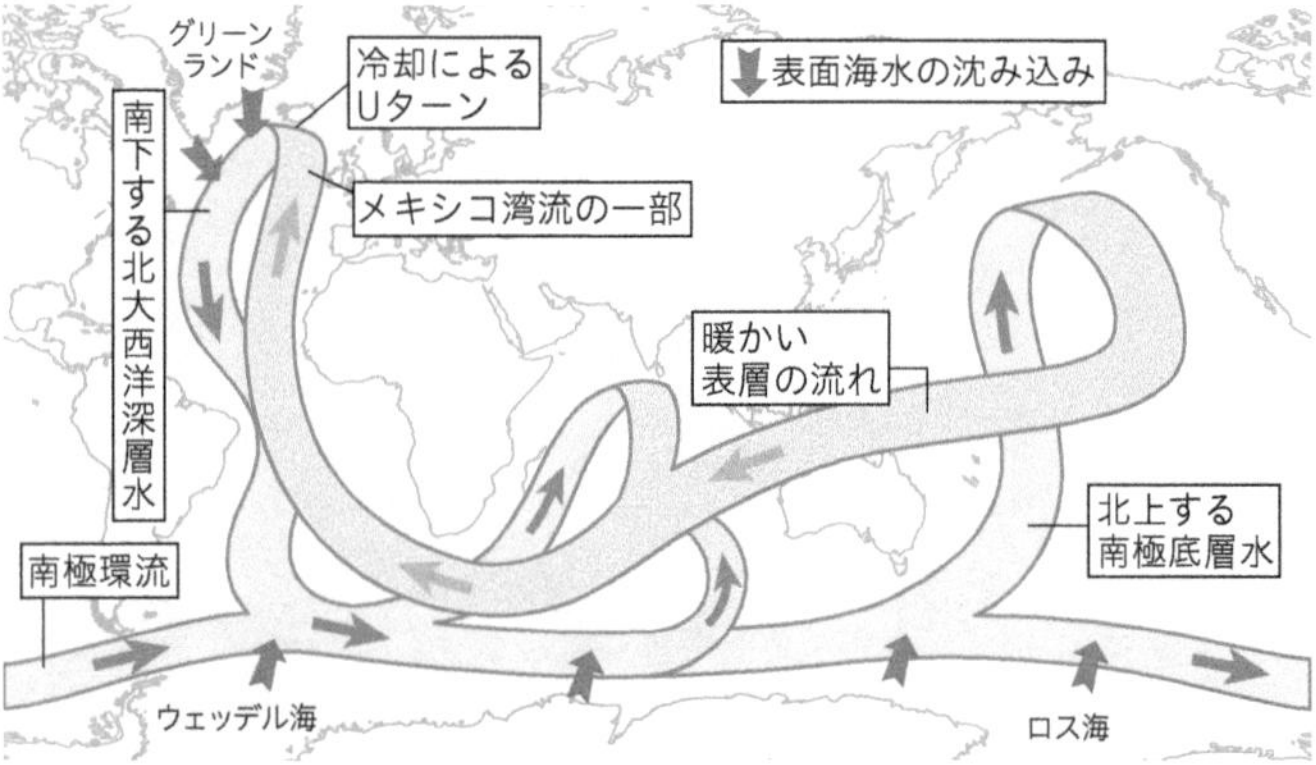

[図5.5] **ブロッカーのコンベアーベルト**

極域における赤色のV字矢印は、大規模な沈み込みの生じている場所を示す。Broecker (1991) の図に加筆

平洋で最も古い海水は北太平洋にあり、その年齢は1500〜2000年くらいである。

さらに細かく図5・4を見てみよう。大西洋では、北から南へ向かって年齢値が増加している。いっぽう、インド洋と太平洋では、逆に南から北に向かって海水は古くなっていく。これらのことから、大西洋の深層では熱塩循環が南向きであること、インド洋と太平洋では逆に北向きであることがわかる。

米国コロンビア大学のウォーレス・ブロッカー(Wallace S. Broecker、1931―2019)は、これらの知見をとりまとめて、基本的な熱塩循環図(ブロッカーのコンベアーベルトと呼ばれる)を作成した。**図5・5**は、ブロッカーによるオリジナル図に少し加筆したものであるが、主旨はまったく変わっていない。極域(北極海と南極海)で沈み込んだ深層水・底層水が、大西洋・インド洋・太平洋を循環する。それらはやがて表面に浮き上がり、表面海流として極域に戻り、再び沈み込みが繰り返される。

このように熱塩循環が約2000年かけて全世界を一巡しているおかげで、深層や底層には表面水由来の酸素が補給される。これは、窓を開けて部屋の中に新鮮な空気を取り入れる「換気」にたとえられよう。つまり、深海や超深海の生命活動を維持するのに不可欠な換気作用を担う重要なプロセスが、熱塩循環というわけである。

また、熱塩循環が気候の調節に果たす役割も見落とすことはできない。熱容量の大きな（大量に熱を運ぶことのできる）水が循環することによって、熱が効果的に分散され、暑すぎたり寒すぎたりしないマイルドな気候条件の維持に寄与していると考えられるからである。

深海底の地形が決める底層流

熱塩循環の基幹とも言うべき底層水の動きについて、もう少しくわしく見てみよう。

底層水は移動とともに、水温の高い海水と混合し、また海底面からは地熱が供給されるので、その水温がしだいに上昇していく。したがって底層水の水温変化は、流れの向きを反映していると考えてよい。そこで底層水の水温分布から、その動き（底層流）を追跡することができる。

その際、深海の地形にも注目する必要がある。深海底は決してつるりと平坦なものではなく、

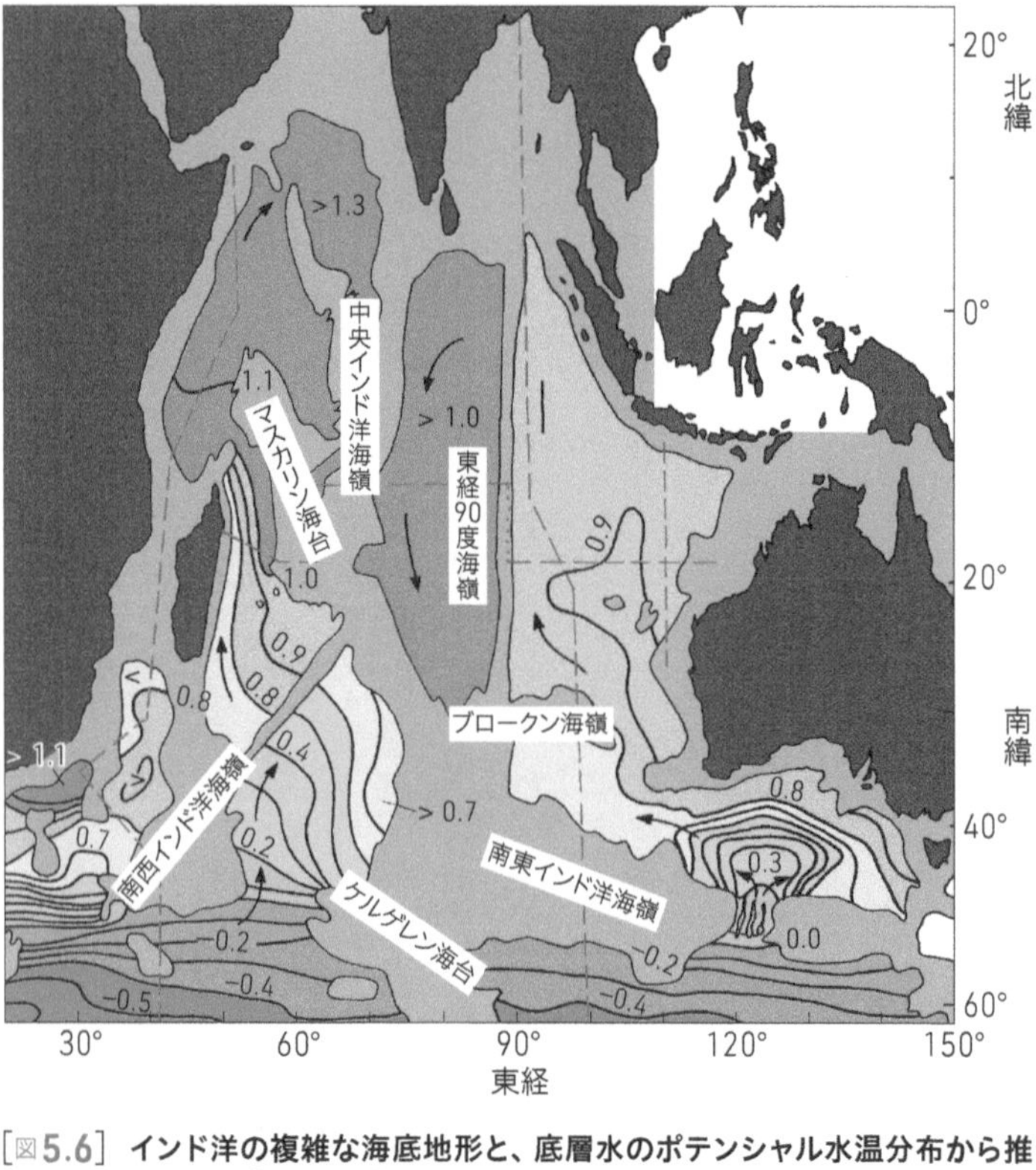

［図5.6］ **インド洋の複雑な海底地形と、底層水のポテンシャル水温分布から推定される底層水の動き**

Tomczak & Godfrey (2003) の図に加筆

中央海嶺や海溝に代表されるように、複雑な凹凸地形をしている。そのため、底層流の前方に地形的障壁があれば、海水はそれ以上進めなくなる。障壁を乗り越えることができなければ、向きを変えるか迂回することになる。

たとえばインド洋について見てみよう。図5・6は、インド洋の深さ4000メートル等深線で示した海底地形と、4000メートル以深の底層におけるポテンシャル水温*の分布を示している。インド洋の深海底は、3大洋の中でもことに海底地形が複雑である。逆Y字形に延びる中央海嶺のほか、東経90度海嶺や小規模な海嶺・海台があちこちにある。図5・6で淡い灰色の部分は、水深が4000メートルより浅いことを示す。これより深い底層水には障壁となるので、その進行が遮られることになる。

南極底層水がインド洋へ入る主要な通路は、東経60度付近と東経120度付近にある地形の切れ目である。この2ヵ所を通り抜け、その後も迂回したり乗り越えたり、海底地形に翻弄されながら底層水のじわじわ北上していることが、ポテンシャル水温の分布からうかがわれる。

いっぽう、太平洋はインド洋に比べて海底の地形が単純である。太平洋に流れ込む南極底層水

*ポテンシャル水温とは、現場の水温から水圧の影響を除き、水圧＝0としたときの水温をいう。海水に水圧がかかると圧縮されて水温が上昇する。水圧は深さに応じて変化するため、もともと同一の海水でも、深さが異なると現場水温に違いが生じる。しかしポテンシャル水温に換算すれば保存量とみなせるので、底層水の動きなど海水循環を知るための指標として使用できる。

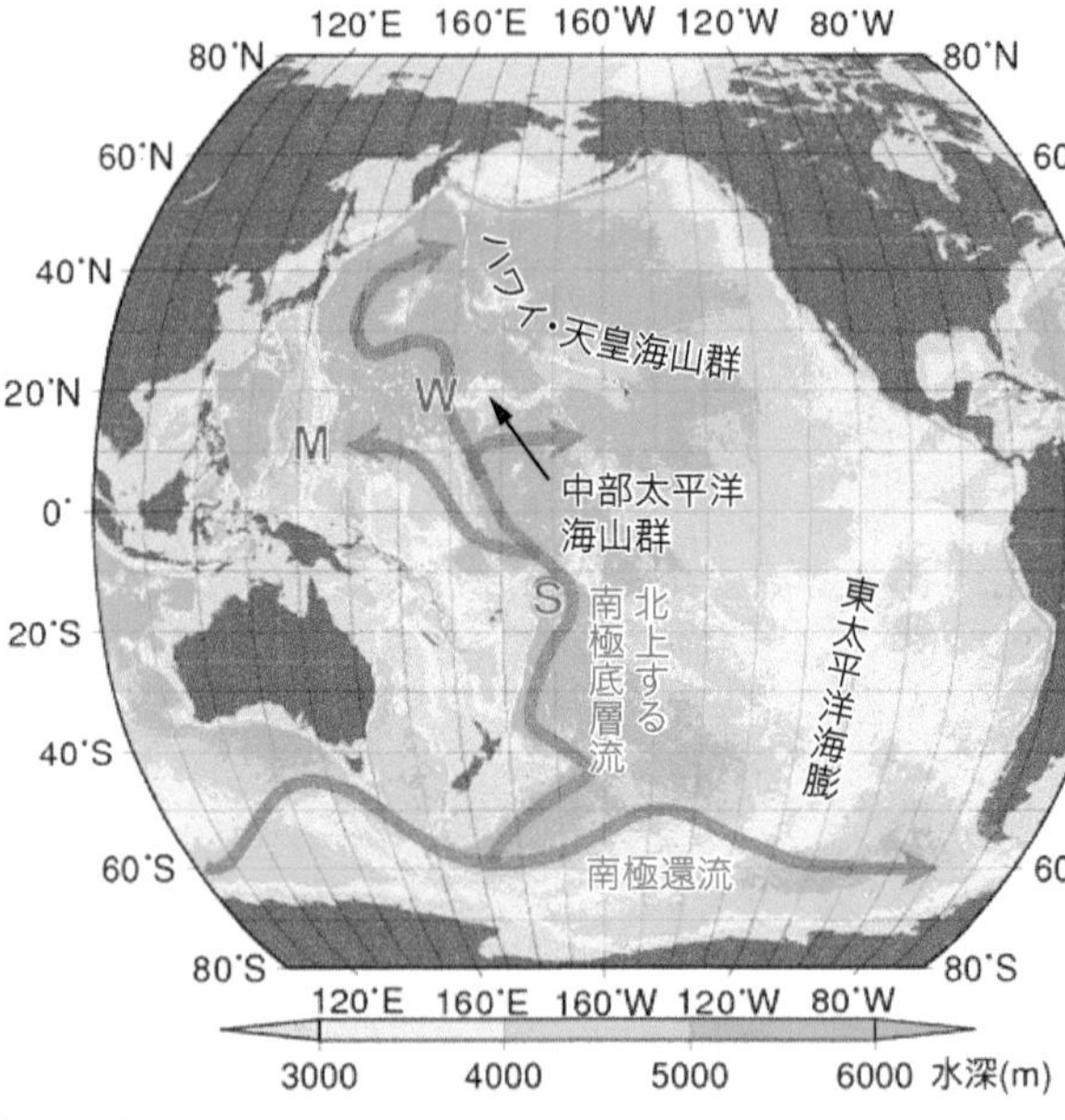

[図5.7] **太平洋において底層水が北上する様子**

S、W、M（本文参照）は海底地形にボトルネック（隘路）のある場所。気象庁のウェブサイトの図に加筆は、図5・7にあるように、主として太平洋の西側に押しつけられた西岸境界流となり、地形のボトルネック（隘路《あいろ》）であるＳ（サモア水路）、Ｍ（マリアナ海溝）、Ｗ（ウェーク水路）を通り抜けて北上する。北太平洋では、中部太平洋海山群の西側と東側に分岐し、さらに北方にあるハワイ・天皇海山群を迂回するように北上していくと考えられる。

深層水を浮上させる乱流――海水循環は月のおかげ？

極域で形成された高密度表面水が深海へと沈み込み、コンベアーベルトのごとく世界中の海を巡ったあと、最後はまた極域の表面に戻って、同じことが繰り返される。熱塩循環が渋滞なく続くためには、深層にある密度の高い海水が、少しずつ浮上して表面に戻らなければならない。この表面に戻るためのメカニズムは、どうなっているのだろうか。

その際、重要な役割を果たすのが、海水中の「乱流」と呼ばれる現象である。海水中に無数に存在する、小規模な渦によって引き起こされる海水の乱れのことだ。

このような渦をつくるエネルギー源は、月や太陽が地球におよぼす引力である。引力によって海水が引っ張られると、海の中に潮汐流という流れが生じる。満潮時に海面が上昇するのは、潮汐流によって海水がよそから流れ込んでくるためだ。潮汐流を発生させる引力なので、潮汐力と呼ぶこともある。

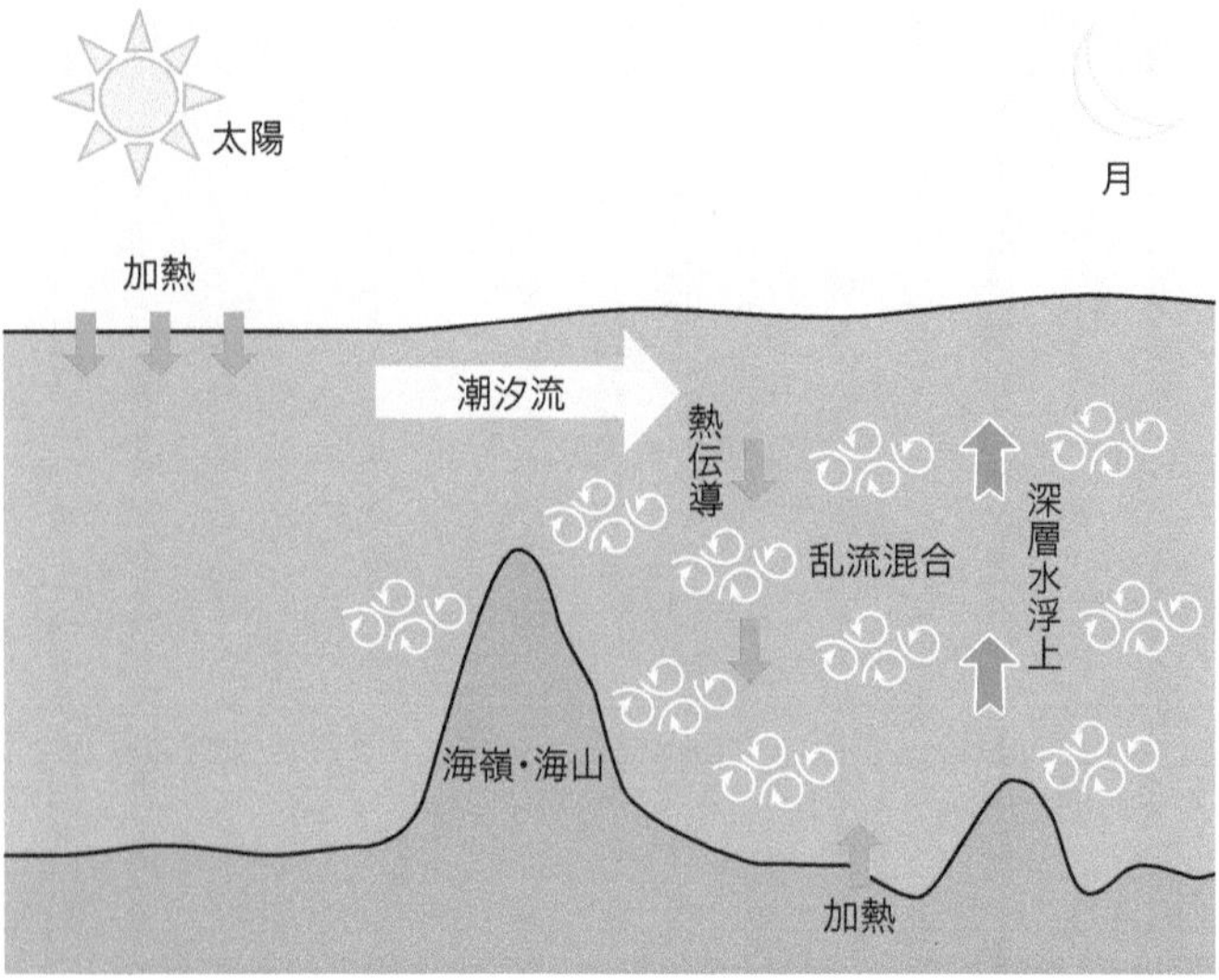

［図5.8］ **月や太陽による潮汐流に起因する乱流が海洋を上下混合する**
日比谷（2015）の図に加筆

さて潮汐流が、中央海嶺や海山など海底の出っぱりにぶつかると、図5・8に示したように、たくさんの渦が誘起される。ちょうど富士山に風がぶつかると、その反対側に乱気流が多数発生するのと似ている。つまり潮汐流によって、海の中に小規模な渦、すなわちランダムな海水の乱れ（乱流）が無数に発生するのである。

海底の起伏がとくに大きい海域では、強い乱流の発生することが理論的に予測される。これは観測によっても実証されている。

この無数の小さな渦には、海水を上下にかき混ぜる重要なはたらきがある。これを**乱流混合**（あるいは渦拡散混合）と呼んでいる。乱流混合によって海洋表面の熱が下へ下へと伝わっていき、深層水を温めて軽くする。またこれとは別に、地熱によっても深層水はわずかずつ加熱される。こうして深層水は浮力を得て、表層に向かって上昇することができる。

もし地球に潮汐力が作用しなかったならば、深層水の上昇は弱まり、現在のような海洋のコンベアーベルト（熱塩循環）は維持されない。このことは理論的な数値実験によって確かめられている。なお、月による潮汐力のほうが、太陽による潮汐力の2・3倍大きい。地球は、月という衛星があったおかげで、熱塩循環によってほどよく海がかき混ぜられ、安定な環境が保たれてきたと言えるのかもしれない。

熱塩循環にブレーキをかける地球温暖化

海洋をかき混ぜることによって地球環境をマイルドに調節してくれる熱塩循環だが、今後もそのようなはたらきを期待できるかどうか、微妙な問題が生じつつある。現在進行中の**地球温暖化**が、熱塩循環にブレーキをかけてしまう恐れがあるためだ。

大気中の二酸化炭素濃度が、化石燃料の消費量増大や森林破壊などによって増え続けている。産業革命以前には280ppm（ppmは百万分率の単位。1ppm＝100万分の1＝0・0001パーセント）程度だったが、現在は400ppmを超え、なお増加中だ。メタンガスの濃度も増加している。

二酸化炭素やメタンによる温室効果は、地球温暖化をしだいに深刻化させていくだろう。

そのような現状からの脱却をめざし、2016年11月に国連のパリ協定が発効した。パリ協定の第一目標は、今世紀中頃～後半には二酸化炭素の放出をゼロにすること、そして今世紀末までの世界平均気温の上昇を産業革命以後2℃未満（可能ならば1・5℃未満）に抑制することだ。そのために、先進国・発展途上国を問わず、すべての締約国が、大気への二酸化炭素の放出規制の目標を立てて、対策をとらなければならない。

過去100年のあいだに、世界の平均気温は、**図5・9**(a)のように0・74℃上昇した。この上昇傾向は強まりつつあり、このまま いくと、今世紀末までにさらに数℃上昇すると危惧される。気温の上昇にひきずられるように、世界の平均海面水温も増加しつつある。過去100年間の増加は0・55℃である（図5・9(b)参照）。

ここで懸念されるのは、表面水温の増加が海洋の熱塩循環に与える影響である。先に述べたように、熱塩循環の出発点は北極圏や南極圏の海洋表面にある。これらの海域で海面水温が上昇すれば、海水の密度が低下し、高密度水の形成が妨げられるだろう。その結果、熱塩循環が弱小化する恐れがある。

さらに心配されることは、気温上昇によって、グリーンランドや南極大陸の氷床が融解し、極域の海へ真水が流れ出すことである。とうぜん表面水の塩分は低下する。すると高密度水はますます形成されにくくなってしまう。

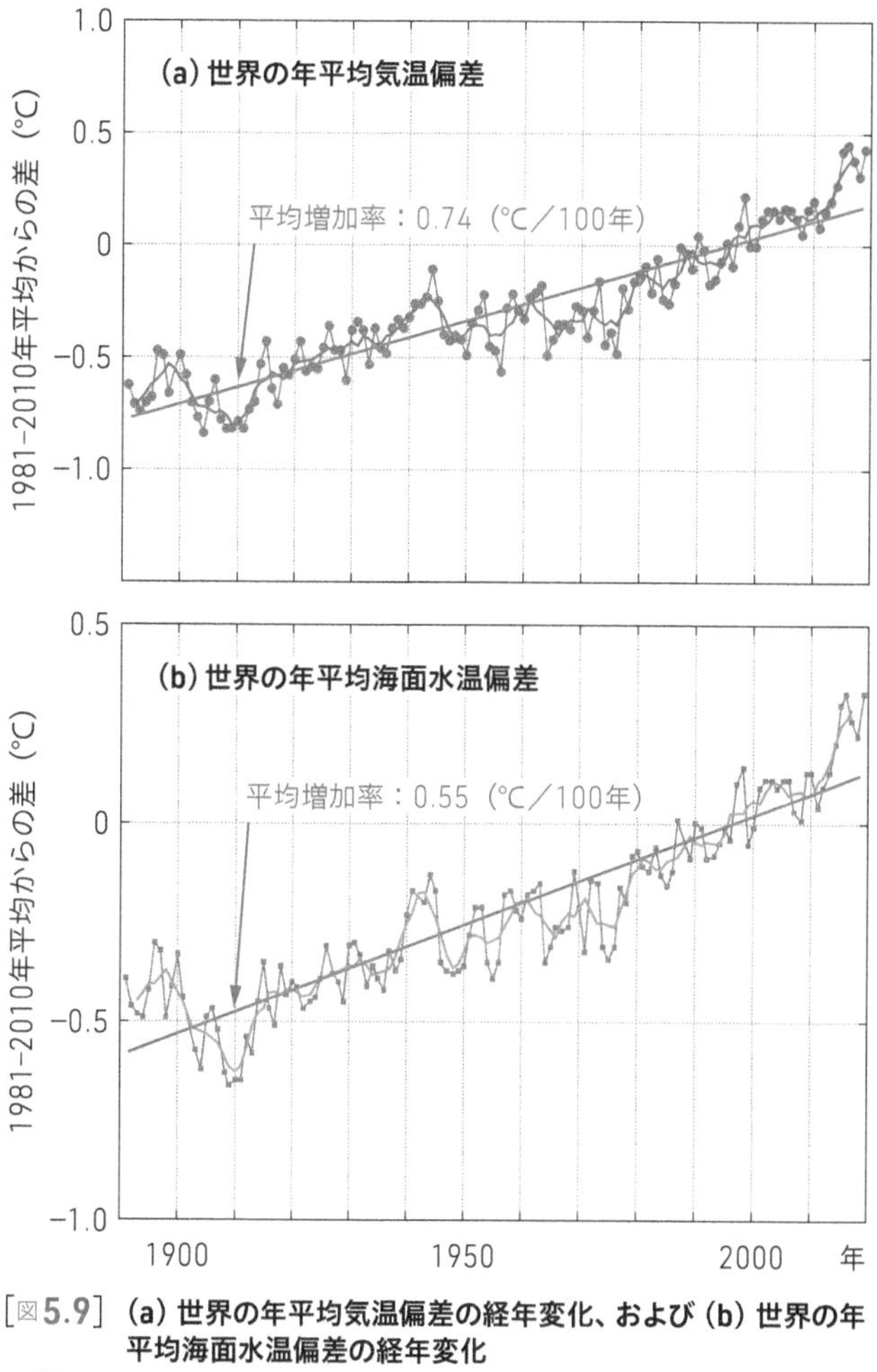

［図5.9］ **(a) 世界の年平均気温偏差の経年変化、および (b) 世界の年平均海面水温偏差の経年変化**

いずれも、1981〜2010年の30年間の平均値を0としている。青色の曲線は5年間の移動平均を示す。気象庁のウェブサイトより北大西洋は世界の熱塩循環の出発点である（図5・5参照）。北大西洋の極域で高密度水が深層へ沈み込む。その結果生じる空隙を埋めるため、南方からメキシコ湾流（熱帯域に起源をもつ暖流）の一部が北上する。この暖流からは大量の熱が放出され、上空を通過する寒冷な偏西風を暖める。その結果、西欧諸国に温暖な気候がもたらされている。

たとえば、イギリスのロンドン（北緯51・5度）と、北海道北端の稚内（北緯45・5度）とを比べてみよう。緯度としてはロンドンのほうがずっと北だ。しかし、年平均気温を比べてみると、ロンドンの11・8℃に対して、稚内は6・8℃と、ロンドンのほうがずっと暖かい。メキシコ湾流の運ぶ熱によって、ヨーロッパ地方に温暖な気候がもたらされていることが実感できる。

偏西風へ熱を放出したあとのメキシコ湾流水は、低温の高密度水に変身し、深層へ沈み込んで北大西洋深層水となる。そのあとに、引き続きメキシコ湾流が北上してくる。つまり、ベルトコンベアーが北太平洋の北端付近でUターンし、その際大規模な熱交換が行われているのだ。

地球温暖化による水温の上昇や氷床の融解は、このUターンの起こり方を変える恐れがある。それを予測するため、グリーンランド近海や北大西洋を対象に、さまざまな観測や理論的モデル研究が行われてきた。多くのモデル計算結果が、今世紀を通じて、北大西洋深層水の南下量は少

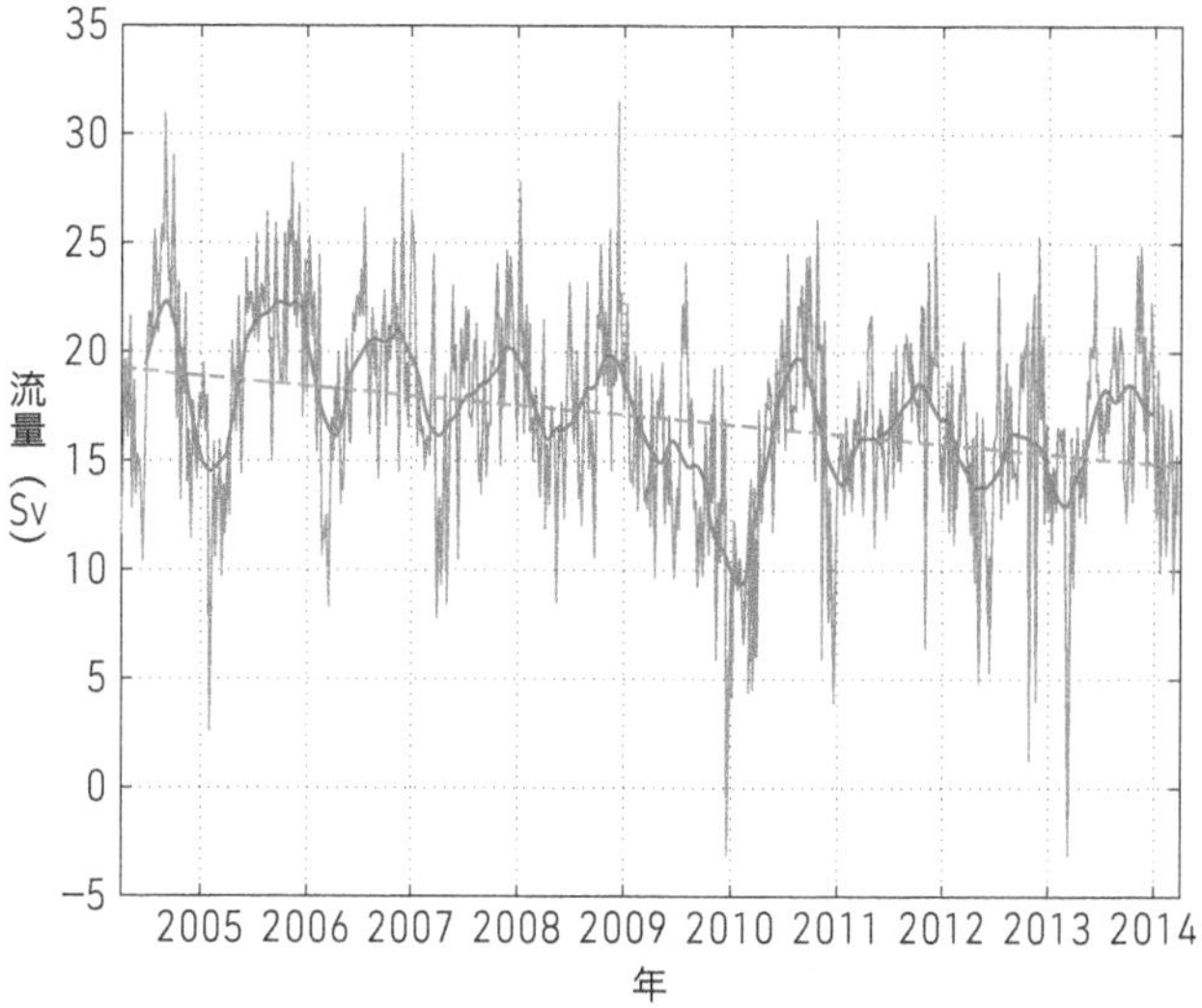

［図5.10］ 大西洋の北緯26.5度線において、10年間にわたって測定されたコンベアーベルト流量の変動

「Sv（スヴェルドラップ）」は、海洋学で用いられる流量の単位で、1 Svは毎秒10^6 m^3を示す。Srokosz & Bryden（2015）の図に加筆

しずつ減少すると予測している。実測データはまだ十分蓄積されていないが、**図5・10**に最近の一例を示す。わずかであるが、北大西洋深層水の流量が減少しつつあるように見える。

大西洋のコンベアーベルトが弱まれば、メキシコ湾流による熱供給も低下する。これまでその恩恵を受けていた地域の気候は寒冷化に向かうだろう。気候の変化は、北大西洋やヨーロッパ地域だけにとどまらず、コンベアーベルトでつながる地球全体に、なんらかのかたちで波及する恐れがある。

いま太平洋で起こっていること

太平洋においても、熱塩循環の縮小を示唆する観測データが得られている。

先に述べたように、南極海で沈み込んで各大洋を北上する底層流は、深層水との混合や、地熱の影響を受けて、少しずつ温度を上昇させていく。もし高密度表面水の沈み込みが弱まり、底層水の流速が低下すれば、何が起こるだろうか？　底層水が底層にとどまる時間が増えるために、それだけ温度上昇が顕著に起こるのではないだろうか。

実際に、太平洋の深層水や底層水の水温が、ごくわずかながら上昇していることを、海洋研究開発機構（ＪＡＭＳＴＥＣ）の深澤理郎博士らが２００４年に最初に見つけた。

水は熱容量が大きいので、熱を大量に与えても、温度の上昇はごく小さい。底層水のわずかな温度上昇を有意に検出するには、正確さが０・００１℃以下という、きわめて信頼性の高い温度データが必要だ。最近の高感度水温センサーの開発と、長期にわたる測定データの蓄積によって、初めてこのような研究が可能となった。

図５・11は、太平洋を約30の領域に分け、水深５０００メートル以深の底層水のポテンシャル水温が、１９９０年代から２０００年代にかけての約10年に、どれだけ変化したかを示している。驚くべきことに、太平洋のほぼ全域にわたって、底層水温が増加（10年間あたり０・００２℃か

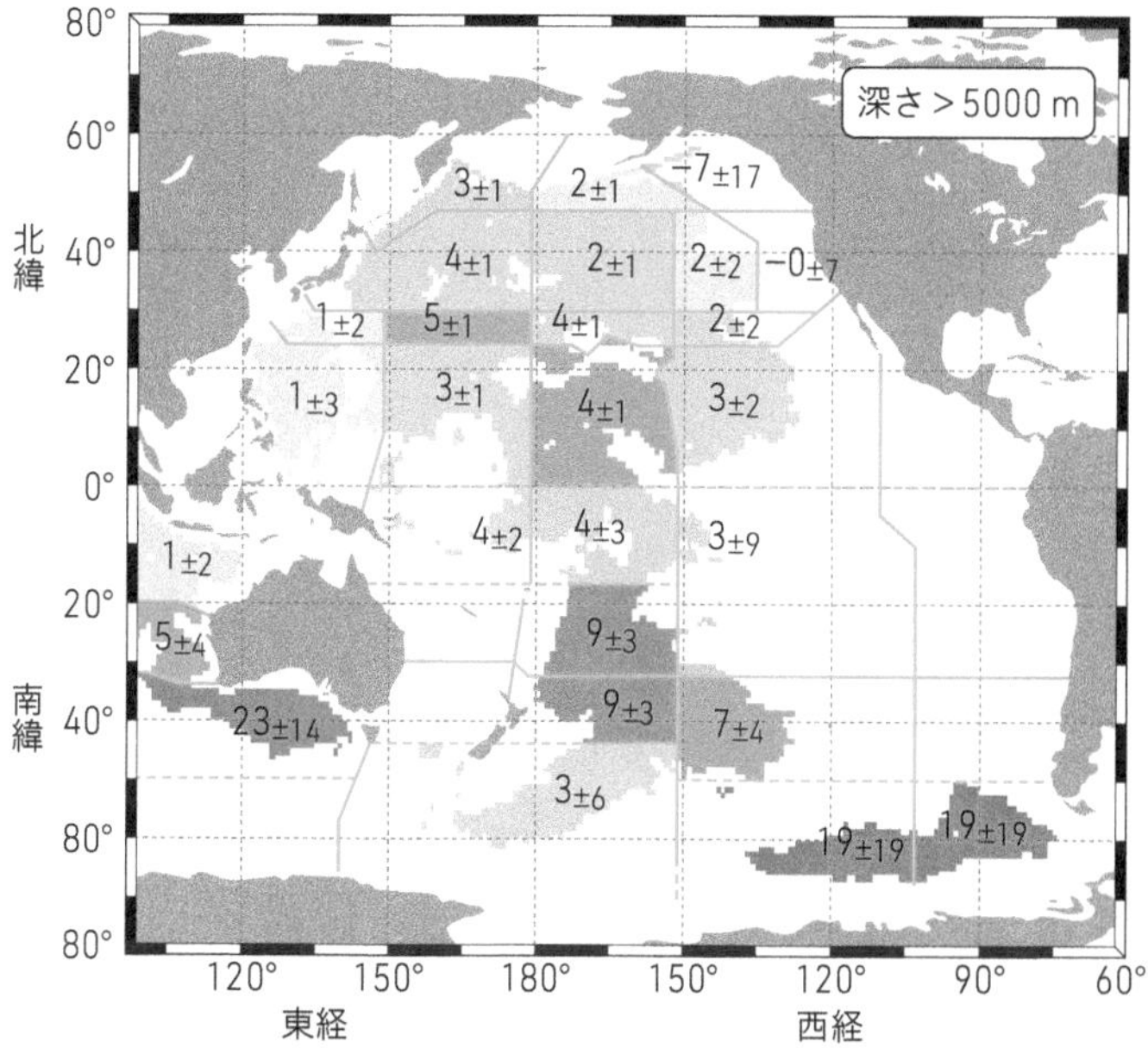

［図5.11］ **太平洋における底層（深さ＞5000m）水温の10年間の変化**

数字は水温の増加を1000倍したもの。Kouketsu et al. (2011) の図を改変ら0・019℃）の傾向にあることがわかる。

大西洋の話と合わせると、地球温暖化によって、北極海や南極海における高密度表面水が生成しにくくなり、その結果、熱塩循環の流速が遅くなってきたことを強く暗示している。

ふだんわれわれは、深海の環境などほとんど意識することはない。しかし、いまそれが着実に変わりつつあると、図5・10や図5・11を見て感じないわけにいかない。深海にまで環境変化がおよぶのは、事態が容易ならぬ段階にあることを示している。このような変化をできるだけ抑制するために、パリ協定を遵守すること、具体的には化石燃料依存を脱し再生可能エネルギー活用へ舵を切ることが強く求められている。そして、さまざまな観測手法を駆使して、海洋の現況を詳細に把握することを通じて、海洋環境の保全と予測に努めていく必要があるだろう。

第6章 海底温泉とは何か？——熱水活動のしくみと生命の起源

われわれ日本人は、火山や温泉とたいへんなじみが深い。日本には100を超える活火山があり、これは世界中の活火山のほぼ7パーセントに相当する。このうち50の火山が、とくに活動度の高い火山に選定され、気象庁が24時間体制で監視している。活動度が高いかどうかは別として、多くの火山の周辺では、マグマの熱によって地下水が加熱され温泉が湧く。温泉は、心身の疲れをいやし、ゆっくりくつろぐことのできるありがたい存在だ。

このような火山と温泉が、陸上だけでなく、深い海の底にもあることをご存じだろうか。海底で起こる火山活動は、ふだん目にすることがないのでイメージしづらいが、海底から噴出するマグマをすべて足し合わせると、陸上の火山活動の4~5倍に達するほど活発なのだ。そして海底火山の上部には、海水がありあまるほどある。海底にしみ込んだ海水が加熱されると温泉になる。しかし深海底の温泉は、陸上の温泉と多くの点で異なっている。どこがどう違うのだろうか？

4種類ある海底火山

地底から、熱くどろどろに溶けたマグマが上昇・噴出する現象を、一般に火山活動と総称している。そのしくみや発生場所から、海底の火山活動は以下の4通りに大別できる。

①中央海嶺（海底火山山脈）の火山

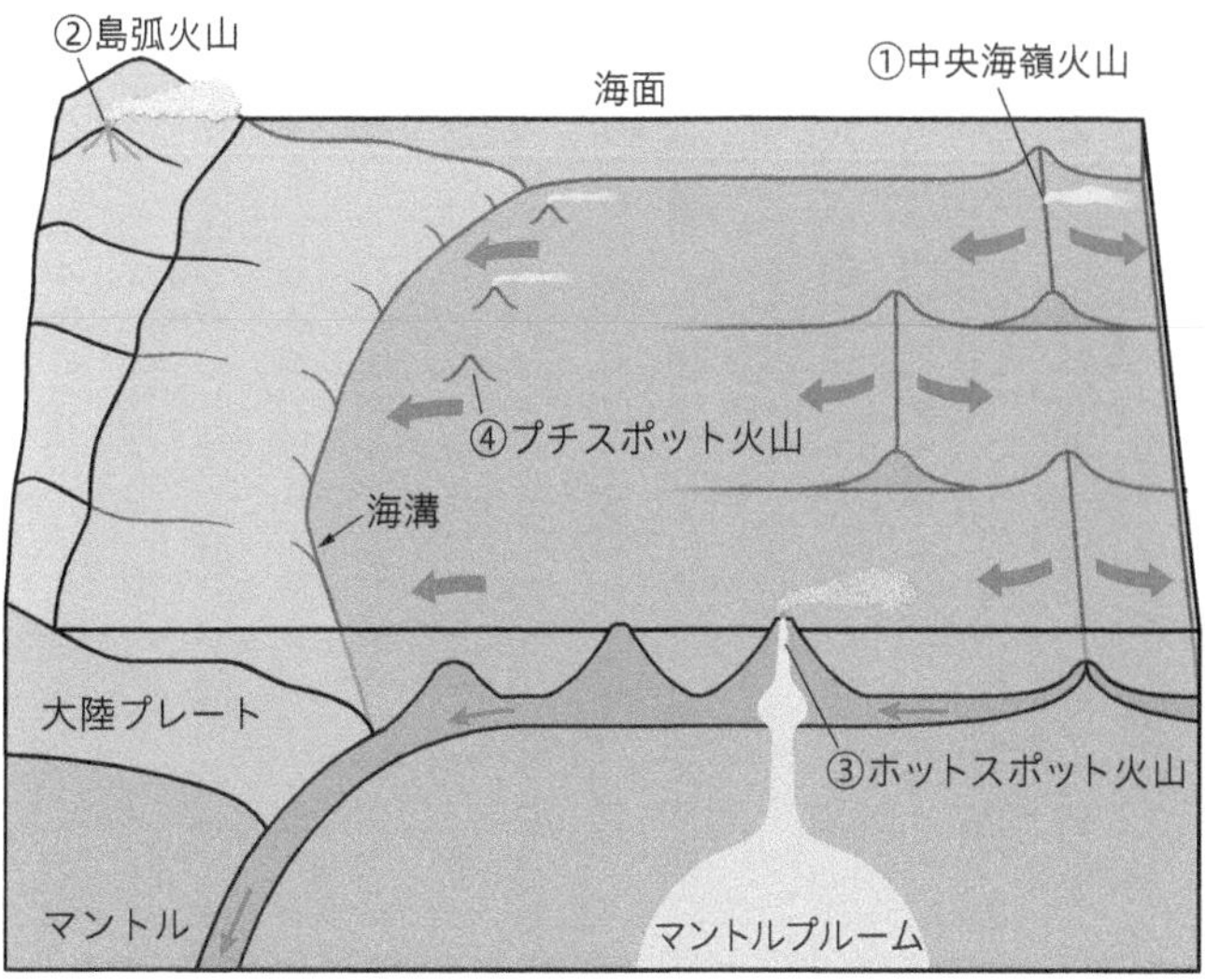

[図6.1] **地球上で観察される4通りの火山活動**
小出（2006）の図に加筆

②海溝の後ろ側にできる島弧・背弧海盆の火山
③ホットスポット火山
④プチスポット火山

これらの火山のイメージを概念的に示すと、**図6・1**のようになる。

①は、太平洋東部にある東太平洋海膨、大西洋をほぼ南北に縦断する大西洋中央海嶺、インド洋を逆Y字形に区分するインド洋中央海嶺など、大規模な海底火山山脈（図1・2参照）で起こる火山活動である。中央海嶺から噴き出すマグマが固結して新しい海底（海洋プレート）がつくられ、海嶺の左右に少しずつ広がっていく。中央海嶺のほとんどは深海底にあるが、一部

が海上に顔を出している場所もある。たとえば北大西洋上の島国アイスランドでは、その国土を大西洋中央海嶺が貫いている。

　中央海嶺で生み出された海洋プレートは、やがて海溝で沈み込み、地球内部へ戻っていく。西太平洋には、そのような海溝が南北方向に連なっている（図1・2参照）。海溝で沈み込む海洋プレートから上盤のプレート（のマントル）へ水がしみ出す。すると、上盤側（大陸側）のマントルでは岩石の融点が下がり、溶けやすくなる。こうして生成したマグマが地表に噴出したものが、②の**島弧火山**である。海溝軸の後ろ側、300〜400キロメートルほど離れたあたりに、島弧火山の列ができる。千島列島から東北日本にかけて見られる多くの活火山（択捉焼山《えとろふやけやま》・十勝岳・有珠山・岩木山・磐梯山・草津白根山・浅間山・富士山など）が、これに該当する。島弧火山の列はさらに南へ伸び、伊豆・小笠原諸島、マリアナ諸島へと続く。これらは海面上に顔を出した島弧火山であるが、海面下の海底火山もたくさん連なっている。

　また、島弧火山のさらに後ろ側に、**背弧海盆**の形成されることがある。ここでは中央海嶺と同じように、火成活動を伴う海底の拡大が起こる。マリアナ海溝の背弧海盆であるマリアナトラフ、トンガ・ケルマディック海溝の背弧海盆であるラウ海盆などが、よく知られている。

　③の**ホットスポット火山**は、マントルのきわめて深いところからスポット状に上昇するマグマ（これを**マントルプルーム**と呼ぶ）によって形成される。**図6・2**に示したように、ホットスポット火山は、中央海嶺や海溝とはまったく無関係に点在している。ホットスポットでできた火

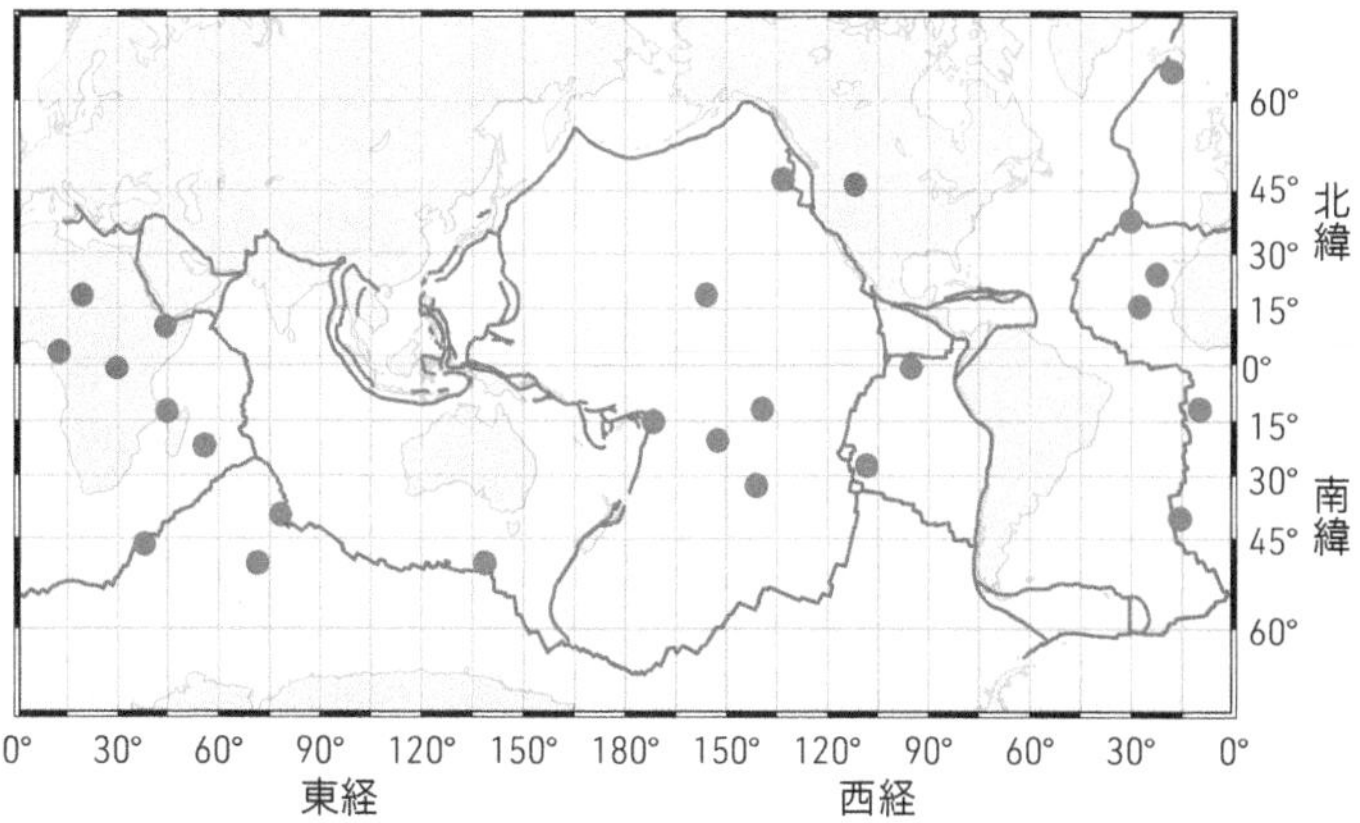

［図6.2］ **世界の主要なホットスポットの位置**
青い太線は中央海嶺や海溝などプレートの境界を示す

山体は、プレートとともに移動していくので、しだいにホットスポットから引き離され、やがて火山活動は終止する。その結果、ホットスポットを起点として、プレートの移動方向に点々と列をつくる（図6・1）。ハワイ島を起点とするハワイ・天皇海山群は、その典型例である。

④の**プチスポット火山**は、2006年に平野直人博士によって初めて発見された深海底の火成活動である。プレートが沈み込む手前で湾曲するためにプレートに裂け目が生じ、その裂け目が火道となって、直下のマントルからマグマが噴き出してできる火山だ。火山の規模としては小さい。日本海溝の東側、水深約6000メートルの深海平原で最初に見つかり、その後、ほかの海溝（伊豆・小笠原海溝、トンガ海溝、ペルー・チリ海溝、スンダ海溝など）の近くで

も、相次いで発見されている。

以上のように分類される海底火山活動は、どれでも熱水活動（温泉）を伴う可能性がある。海底の温泉とはいったいどのようなもので、どんなメカニズムで形成されるのだろうか？

世界中に分布する海底温泉（熱水活動）

典型的な海底温泉の写真を2枚、お見せしよう。まず**図6・3**は、メキシコ沖の東太平洋海膨——深度2500メートルの深海底——で、米国の潜水船「アルビン号」が、1979年に世界で初めて発見した高温熱水噴出である。海底から煙突のように突き出た噴出口（熱水チムニー）から、温度350℃の熱水が勢いよく噴き出ている。熱水（海底下では透明）から大量の沈殿物（濁り）が一気に生じ、それが真っ黒い煙のように見えるので、**ブラックスモーカー**とも呼ばれている。

また、**図6・4**は、北西太平洋の背弧海盆マリアナトラフ（深度3600メートル）において、1992年に「しんかい6500」から撮影した海底温泉である。ここでは透明な熱水（温度280℃）が穏やかに湧き出している。

このように海底温泉は、黒く濁っていたり透明だったりする。なぜそのような違いがあるのか、海底温泉のしくみを見ながら、次節で考察することとしよう。

[図6.3] **東太平洋海膨（北緯21度）の深さ2500 mの海底から噴き出す350℃の熱水**

Dudly Foster撮影

[図6.4] **西太平洋マリアナトラフ（北緯18度）の深さ3600 mの海底から噴き出す280℃の熱水**

「しんかい6500」第152潜航において筆者撮影。©JAMSTEC

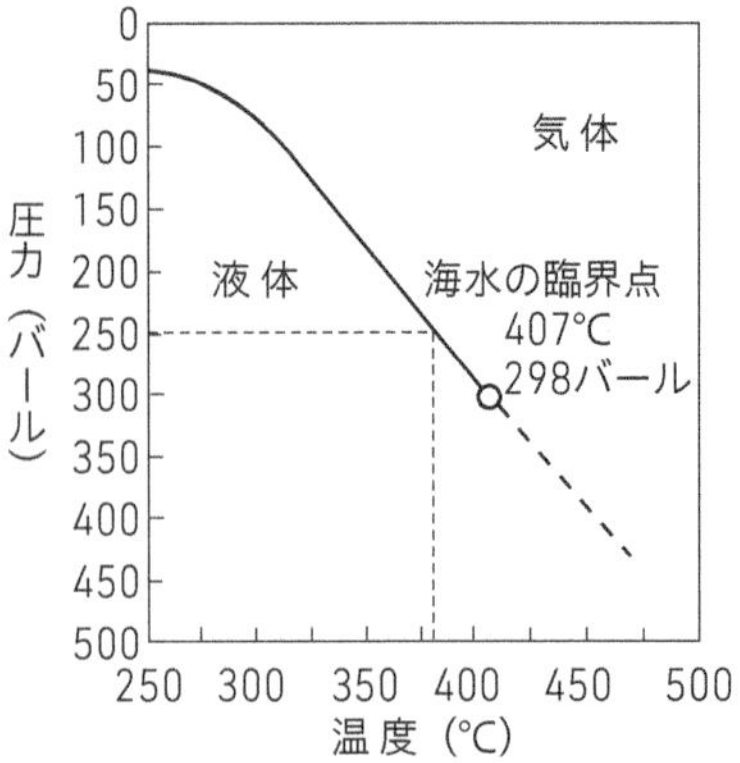

［図6.5］ **水圧と海水の沸点との関係**

水圧（バール）を10倍するとほぼ水深（メートル）に等しくなる

［図6.6］ **ハワイ島南方のロイヒ海山（ホットスポット火山）の南側斜面（深さ約3000 m）に累積する枕状溶岩**

1985年9月、白鳳丸より降下させた深海カメラにて渡辺正晴撮影ところで、陸上なら温泉水は100℃で沸騰する。しかし海底の温泉では、水圧のかかっているぶん、沸点が高くなる。水深と海水の沸点との関係を**図6・5**に示す。たとえば図6・3に示した海底温泉は深度が2500メートル（水圧は約250気圧）なので、沸点は約380℃となる。したがって350℃のお湯が噴き出しても、べつに不思議ではない。

深海底では火山が強い水圧で押さえつけられているため、陸上と違い、爆発的な火山噴火はふつう起きない。噴き出す溶岩は、ちょうどチューブから搾り出された練り歯磨きのような形状の**枕状溶岩**となって、海底面に累積する。**図6・6**に枕状溶岩の一例を示す。

観測船や潜水船による調査が活発に行われた結果、これまでに世界中のあちこちで、すでに数百ヵ所もの海底温泉が見つかっている（**図6・7**）。それらの多くが中央海嶺沿いに分布しているのが、図から一目瞭然であろう。また島弧や背弧海盆に伴う海底温泉は西太平洋に集中している。さらにハワイやサモアなど、ホットスポット火山による海底温泉も太平洋に点在していることがわかる。

ちなみに、これまでに発見された海底温泉の中で最大水深は、カリブ海ケイマントラフ（図4・5参照）における深さ4960メートルである。2010年に見つかったこの海底温泉（図6・7には黄色い点で示されている）は、深海生物学者ウィリアム・ビービの偉業（49〜51ページ参照）を称え、ビービ温泉と呼ばれている。

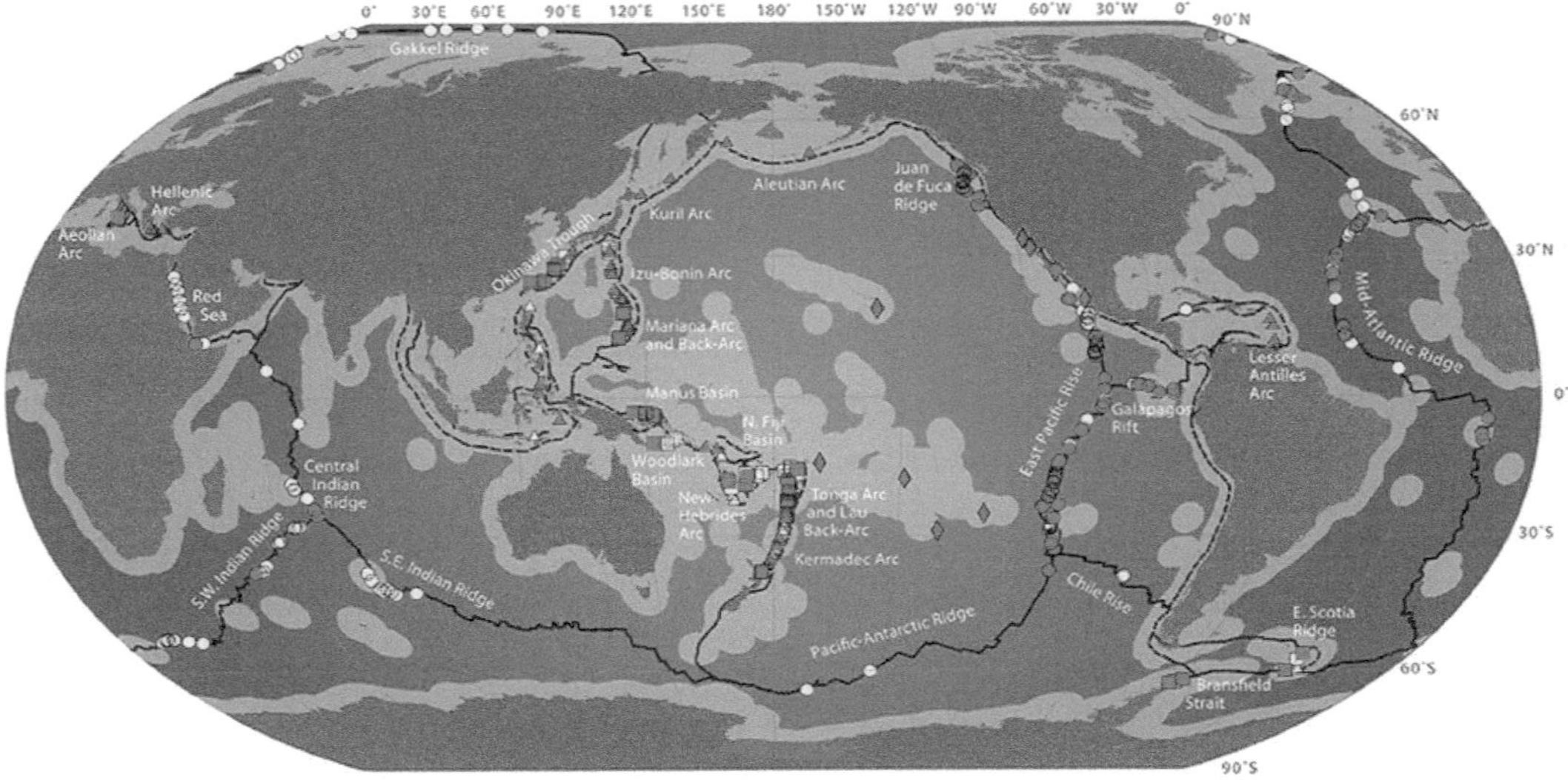

[図6.7] **世界の海底温泉の分布**

2010年、ウッズホール海洋研究所のS. Beaulieu、K. Joyce、およびS. A. Soule作成。赤色は潜水調査などで確認された海底温泉、黄色は未確認であるが付近の観測データから存在することが確実な海底温泉。淡い青色の海域はどこかの国の排他的経済水域（EEZ）であることを示す。

熱水循環のしくみ

海底温泉のでき方そのものは、陸上の温泉と類似している。陸上の火山では、マグマによって地下水が加熱されて温泉ができる。深海底の温泉も、海水が海底にしみ込んで地下水になることからはじまる。深海底の火山岩は、かつて冷たい海水で急冷されたため亀裂や割れ目が多数ある。そこから海水がしみ込んで地下水となり、高温のマグマによって加熱されていくのだ。

沸点近くまで温度の上昇した熱水は、密度が小さいため浮き上がり、ついに海底から温泉として噴き出す。その分を補うように、新たな海水が海底の割れ目から地下へしみ込む。このように、海水がマグマによって加熱されては、熱水となって噴き出す定常的な繰り返しを「**熱水循環**」と呼ぶ。

一般的な熱水循環のしくみを、熱水の化学的な組成変化とともに、模式的に示したのが**図6・8**である。海底下の熱水は、高温かつ高圧の条件下で岩石と接触するために、鉄、銅、亜鉛などの重金属元素を高濃度で溶かし込む。火山ガス成分（水素、メタン、硫化水素など）も熱水に溶け込んでくる。その一方で、もともと海水中にあった化学成分の一部（マグネシウムイオンや硫酸イオン）が、海水から除かれていく。この結果、熱水の化学組成は、もともとの海水とは大きく異なったものになる。

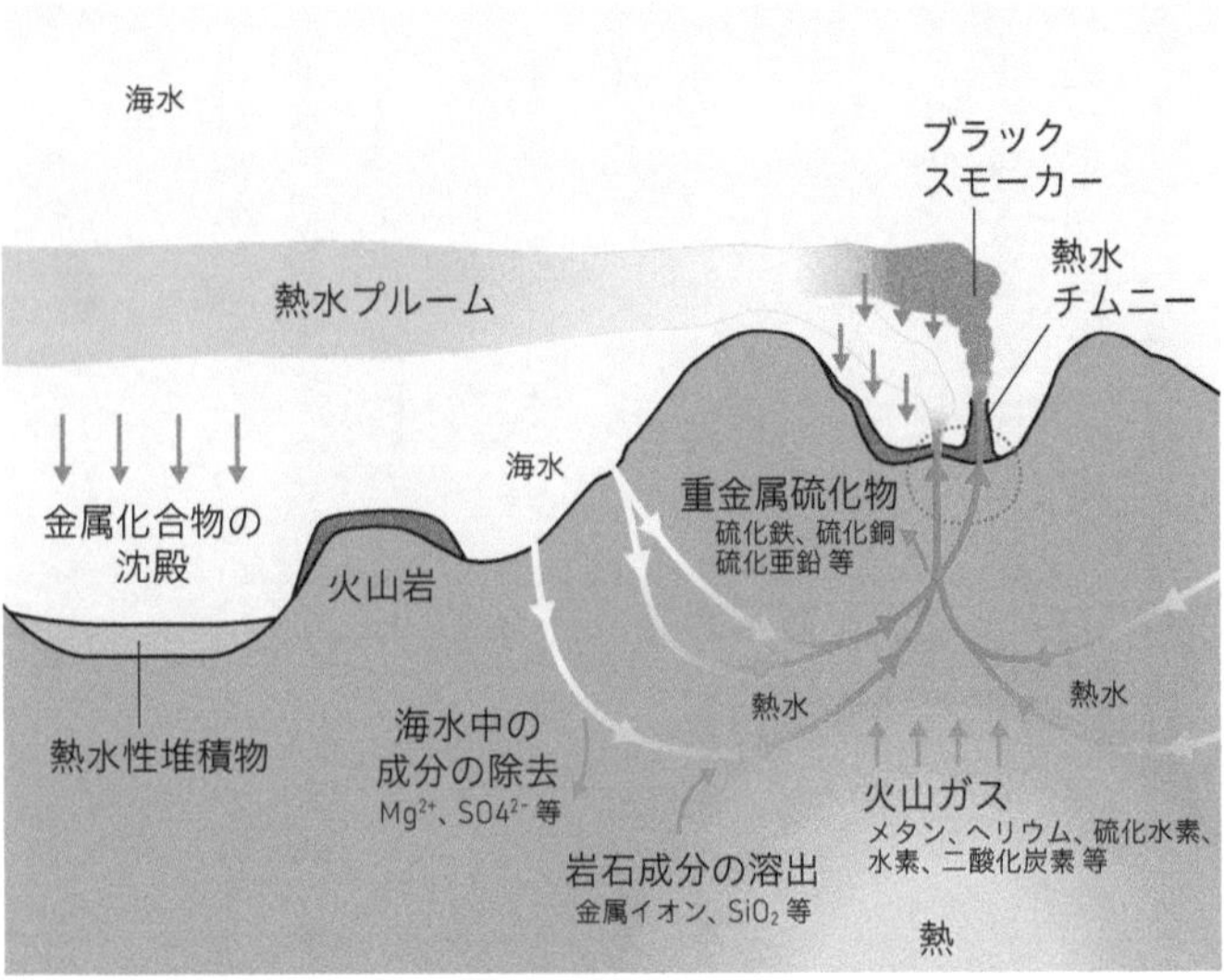

［図6.8］ **深海底の火山付近で起こる熱水循環のしくみと化学物質の動き**
Gary Massothによる原図をもとに作成

きわめてドラマチックな瞬間——それは、高温の熱水が海底から噴き出し、周囲の冷たい海水によって一瞬のうちに希釈されるときである。熱水が高温、弱酸性、かつ還元的性質をもつのに対し、海水は低温、弱アルカリ性、かつ酸化的と、両者はまったく正反対の性質をもっている。そして海水のほうが圧倒的に量が多いので、熱水は直ちに当初の性質を失い、それまで溶けていた重金属元素は、硫化物や酸化物や硫酸塩となって爆発的に析出する。その結果生じるすさまじい濁りが、図6・3に示したブラックスモーカーの原因である。析出した粒子が蓄積して成長すると、煙突状の構造物（熱水チムニー）がつくられる。

いっぽう、高温熱水中の重金属元素の濃度が、なんらかの原因で低い場合には、噴き出した熱水が海水で希釈されても、固体粒子がほとんど生じない。このような熱水噴出は透明に見える（たとえば図6・4）。つまり噴き出す熱水が黒くなるか透明かは、噴出する直前の熱水の化学的性質によって決まる。

なお、海底下で熱水が加熱されすぎると、沸点に達する場合もある。その場合は、熱水の一部が気相と液相に分離する。すると低塩分の熱水（気体成分に富む）と高塩分の熱水が、別々に噴き出すことがある。

遠方へ広がっていく熱水プルーム

噴出した熱水は、浮力によって海水中を上昇し続け、その間、希釈がどんどん進んでいく。噴出口から200～300メートルも上昇すると、ついに周囲の海水と密度が等しくなって、浮上が止まる。その後は、水平の等密度面に沿って、四方八方へと広がっていく。このような水塊のことを、**熱水プルーム**と呼ぶ（図6・8参照）。

熱水プルームでは、もともとの熱水が、1000倍から1万倍以上にも希釈されている。しかし、これだけ希釈されても、いくつかの化学成分（メタンガス、鉄、マンガンなど）に濃度異常が残っていたり、あるいは海水の濁りがわずかに保持されている場合がある。これらの濃度異常や濁りを検出することによって、熱水プルームの広がりを知ることができる。

これまでの研究によれば、熱水プルームは、熱水噴出の規模に応じて10〜100キロメートル、あるいはそれ以上の遠方まで広がっている。最近の極端な例では、東太平洋海膨の南緯15度付近から西方へたなびく熱水プルームが、なんと約3000キロメートル先のタヒチ島近海まで広がっていることが観測されている。

未知の海底温泉を見つけようとするとき、熱水プルームは重要な手がかりとなる。熱水プルームをまず検出し、その源をたぐっていけば、海底温泉にたどり着けるからだ。一般に海底温泉そのものは、たとえばテニスコートくらいの、ごく狭いエリアに集中している。それを数千メートルも離れた海面からいきなり見つけるのは、至難の業と言わねばならない。しかし熱水プルームであれば、はるかに広い面積にわたって広がっているので、比較的容易に見つけることができる。

では熱水プルームをマッピングするにはどうすればよいか。研究船から現場センサーや採水装置を海中へ降下させ、海水の透過度や化学成分の濃度分布を丹念に調べていく。いったん異常が見つかれば、それが強まる方向へと近づいていくのだ。現場センサーとしては、79ページで紹介したCTD（水温・塩分センサー）、透過度センサー、硫化水素センサー、GAMOS（現場化学分析装置）などがあり、これらのセンサー群を取り囲むように多数（20〜30本）の採水器を束ねた一体型の装置（たとえば**図6・9**）がよく用いられる。

その際、観測法は2通りある（**図6・10**）。ひとつは、停船観測を繰り返して、熱水プルームを少しずつ絞り込むオーソドックスな方法(a)、もうひとつは、研究船を微速(1~2ノット程度)で一方向へ移動させながら、吊り下げた観測装置を上げたり下げたりする方法(b)である。後者はTow-Yo(トーヨー)法と呼ばれる。熱水プルームがすでにキャッチされ、その広がりがある程度予測できる場合は、トーヨー法を用いることによって短時間のうちにその2次元分布を描くことができ、観測時間を大幅に節約できる。

[図6.9] 研究船から降下させる一体型のCTD採水装置の一例
筆者撮影

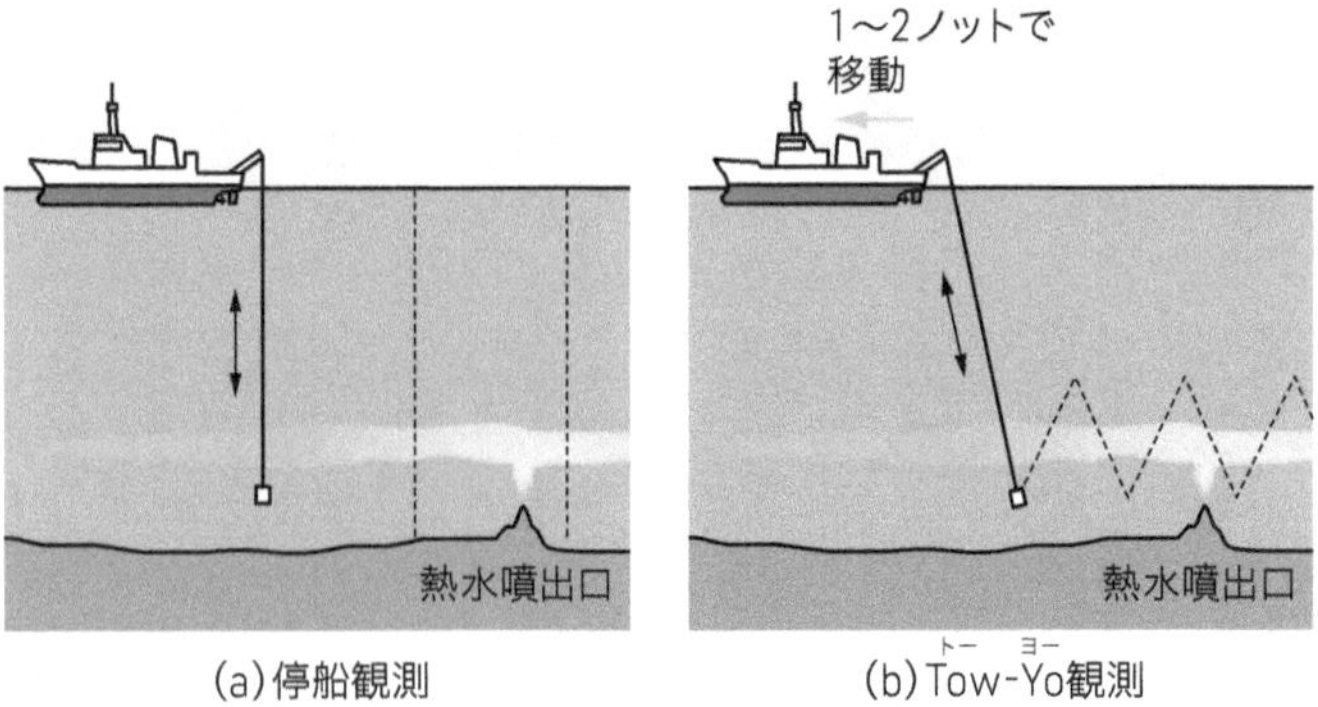

［図6.10］ **研究船による熱水プルームの観測法**

(a) 通常の停船観測、(b) 船から曳航する観測機器を上げ下げしながら船を微速で移動させるTow-Yo観測

図6・7に示した海底温泉の多くは、まず熱水プルームの観測によって熱水活動の存在がわかり、その位置が十分に絞り込まれ、最後に深海底のピンポイントへ送り込まれた潜水船や無人探査機（ROV）によって発見されてきた。そして海底温泉の位置や形態が特定されると、その次の段階として試料採取（熱水、岩石、生物など）とそれらの分析がなされ、海底温泉の詳細な性質が解明されていくことになる。

海底温泉が生み出す熱水鉱床

先にも述べたように、地下で起こる岩石と熱水との相互作用により、さまざまな重金属元素（鉄、銅、亜鉛、金、銀など）が岩石から熱水中へ溶かし出され、濃縮する。これらの重金属元素がうまく熱水噴出口付近で沈殿し、純度（含有量）の高い鉱物としてまとまって存在する場合は、とくに熱水鉱床と呼ばれ、将来、商業的な開発の対象となる可能性がある。

先に述べたブラックスモーカーは、金属を含む細かい粒子をあたり一面に撒《ま》き散らすだけで、鉱床としての利用価値は小さい。熱水鉱床となりうるのは、むしろ高温熱水が噴出する直前の海底下（図6・8の赤い破線で囲んだ部分）で、金属硫化物などがまとまって沈積する場合である。たとえば、熱水噴出の直前に、冷たい海水がしみ込んで熱水の温度を下げ、金属硫化物の溶解度を低下させれば、過剰に溶存していた金属硫化物がそこでまとまって析出する。このような熱水循環が長期間安定して続けば、硫化物の蓄積量は膨大なものとなり、有望な熱水鉱床となりうるだろう。

このように熱水噴出前に重金属元素が除かれてしまうと、熱水が噴出するときの劇的な析出は起こらないので、熱水はブラックスモーカーにならず、透明に近づく。

図6・7は、熱水鉱床（商業的に採算が取れるかどうかは別として）の候補地を示す図でもある。この図には、国際海洋法にもとづく排他的経済水域ＥＥＺ（全海洋面積の36パーセントに相当）も表示されている。海底温泉がどこかの国のＥＥＺに含まれる場合は、海底の調査や採掘はその国が優先的に行うことができる。

いっぽう公海域の海底鉱物資源は、国家間の混乱を避けるため、国際海底機構（ＩＳＡ）が統括している。探査を行いたい国は、ＩＳＡへ鉱区申請し、申請が承認されれば、ある期間内は排他的に探査を実施できる。

陸上の金属鉱床が先細りとなりつつある現在、深海底の熱水鉱床への期待は、今後ますます高まっていくだろう。だがそこには、環境破壊という別の問題が控えている。この点は第10章でくわしく述べよう。

海底温泉に群れ集う莫大な生物たち

深海・超深海の生物活動については、第8章と第9章でまとめて述べるが、ここでは、海底温泉に集う生物について、ごく簡単に触れておきたい。

ふつう深海底には、非常にわずかな生物しか棲んでいない。食べ物が乏しいためである。海洋表層にたくさんの生物がいるのは、植物プランクトン（太陽の光エネルギーを用いて光合成を行う）を一次生産者とする安定した食物連鎖が成り立つためである。しかし、第5章でも述べたように、光合成は太陽光線の届く深さ（200メートル程度）までしか行われない。

真っ暗な深海底に棲む生物は、はるか上の海洋表層から光合成によってつくられた有機物（生物の死骸や排泄物など）の断片が落ちてくるのを辛抱強く待っている。しかし、有機物は降下中にほとんど分解されてしまうため、深海底に届く量はごくわずかでしかない。深海底は、陸上でいえば砂漠のような場所なのだ。

[図6.11] **東太平洋海膨(北緯21度)の熱水生物群集**

主としてハオリムシ、中央付近にシロウリガイも見える。Fred. N. Spiess撮影

ところが、深海の熱水噴出域のまわりは、びっくりするほど大量の生物で賑《にぎ》わっている。砂漠どころではなく、「深海のオアシス」と呼ぶ人もいる。**図6・11**はその一例で、長さ30センチメートルもある巨大な白い二枚貝(シロウリガイ)や、真っ赤なエラを優雅に出し入れするチューブワーム(ハオリムシ)の大群集だ。図6・4もよく見れば、熱水チムニーの根元のあたりに巻貝が密集している。餌のほとんどないはずの深海底に、なぜこれほど多くの生物が密に生息できるのだろうか。

その秘密は、熱水に含まれる水素、メタン、硫化水素など、還元的な火山ガス成分にあった。これらの物質からエネルギーを取り出して、有機物を合成できる微生物がいる。光合成ならぬ「**化学合成**」を行う微生物である。熱水噴出域では、このような化学合成微生物を一次生産者とする食物連鎖系が形成されており、その恩恵に浴しているのがシロウリガイやハオリムシなのだ。

彼らの生き方は一風変わっている。自分の体内に化学合成微生物を共生させ、その共生者たちがつくり出したエネルギーの一部を横取りして、生命活動を維持しているのだ。そのかわり、化学合成微生物のもとへ、硫化水素や酸素をせっせと送り届けねばならない。

熱水生物群集にとって、熱水の噴出はまさに命の綱だ。もし、熱水チムニーが熱水沈殿物によって塞《ふさ》がり、熱水の供給が途絶えるならば、彼らの生存は直ちに脅かされる。別の熱水噴出口に移動できればよし、もしだめなら死滅する運命が待っている。

生命は海底温泉で誕生したのか？

海底温泉は、いま意外なところで衆目を集めている。それは、地球上での生命の起源と関わりがあるためだ。

地球の創成以来、長い時間をかけて、さまざまな生物が進化を遂げ、現在にいたっている。遺伝子の語るところによれば、すべての生物は、共通の祖先から枝分かれしてきた。しかし、この共通の祖先、すなわち最も原始的な最初の生命とは、いったい何なのか、どこでどのように誕生したのか、この肝心要の出発点が、まだ誰にもわからない。

最初の生命が誕生した時期は、38億年前かその少し前と考えられている。その頃すでに生物のいたことは、38億年前に海底でできた堆積岩の中に、生物活動の痕跡——炭素同位体比の異常（軽い炭素〈^{12}C〉の濃縮）——のあることから確実視されている。

生命のふるさとは深い海の中だろう、という発想は、これまで広く受け入れられてきた。陸上や浅海では、太陽紫外線（現在では、オゾン層のおかげで遮蔽されている）が、生物の体（有機物）を壊してしまう（DNAの損傷など）からである。そして深海が強く注目を浴びるようになった決定的な出来事こそ、東太平洋海膨における海底温泉（図6・3）と化学合成微生物の発見だったのである。

海底温泉からは、生命有機体を合成したり、合成反応の触媒となりうるさまざまな化学物質が噴き出している。熱エネルギーがある。環境条件も、高温から低温までいろいろある。電気化学反応も関与しうる。条件がうまく重なれば、最初の生命につながるのではないか。しかしそのからくりがまだわからない。

遺伝子にもとづく進化系統樹の枝分かれを根元へたどっていくと、最も原始的と思われるバクテリア（真正細菌）やアーキア（古細菌）のほとんどは、熱湯（80℃以上）の中で生きられる**高度好熱菌**である（図6・12）。このことも、最初の生命が原始地球の海底温泉で誕生した、というアイディアを強く支持している。

ごく原始的な生命が、暗黒の深海底で、化学合成によってエネルギーを得ていたことは間違い

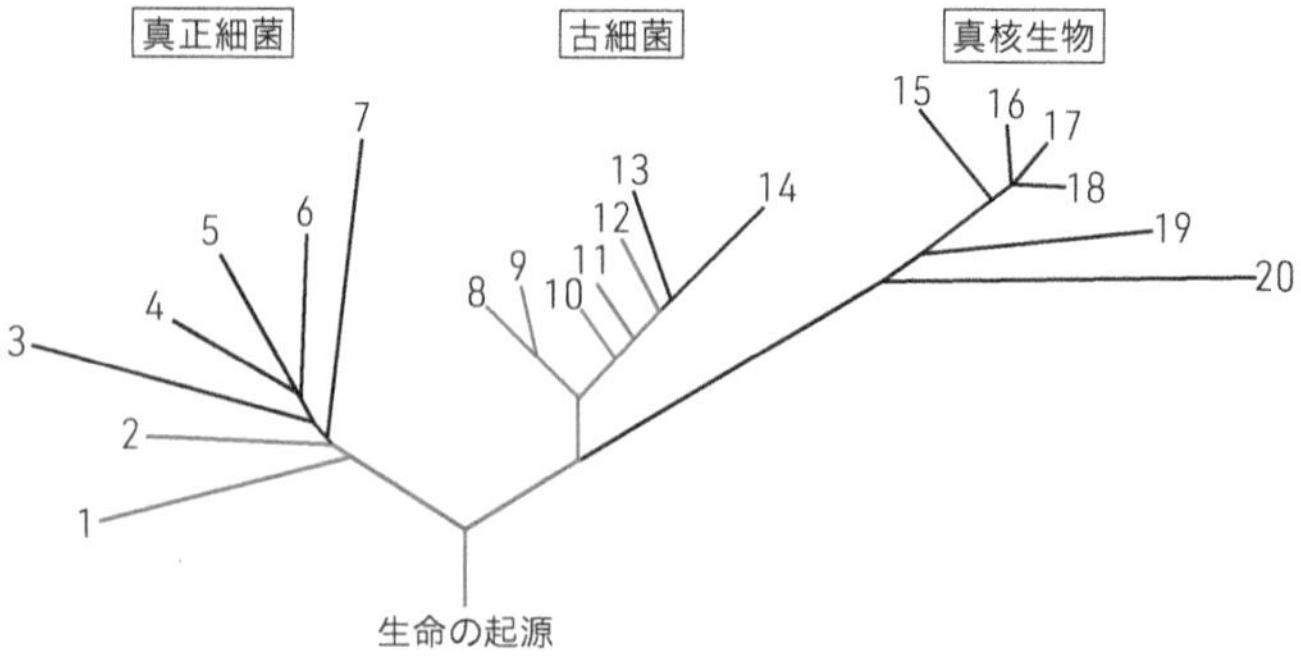

1：アクウィフェクス、2：テルモトガ、3：フラボバクテリア、4：シアノバクテリア、5：紅色細菌、6：グラム陽性菌、7：緑色非硫黄細菌、8：ピュロディクティウム、9：テルモプロテウス、10：テルモコックス、11：メタノコッカス、12：メタノバクテリウム、13：メタノミクロビウム、14：紅色細菌、15：動物、16：繊毛虫、17：緑色植物、18：菌類、19：鞭毛虫、20：微胞子虫

［図6.12］ **進化系統樹**

Woese（1990）をもとに、一部加筆。赤色は高度好熱菌（＞80℃）を示す。

ないだろう。化学合成反応には、酸素の存在下で起こる好気的なものと、無酸素状態で起こる嫌気的なものとの2通りある。現代の熱水生物の体内に共生している化学合成微生物は、酸素呼吸をしており、彼らは好気的な化学合成反応を行う。しかし最初の生命が誕生した頃の地球には、まだ酸素ガスはなかった。したがって、その頃の海底温泉で化学合成が行われたとすれば、それは嫌気的な化学合成反応のはずである。そこで現在の海底温泉で、もし嫌気的化学合成にもとづく生態系が見つかれば、それは古代の海底温泉が原始生命を育んでいたことの、有力な裏づけになるのではないか。

まさにその実例が、インド洋の海底温泉「かいれいフィールド」で初めて見つかったのは、2002年のことだった。「しんかい6500」で同温泉に潜航したJAMSTECの高井研博士は、熱水中の水素ガスと二酸化炭素からメタンを合成する超好熱メタン菌（122℃で増殖可能）と、このメタン菌に依存する別の超好熱発酵菌を発見した。原始地球と同じく酸素のない環境下で、海底温泉の熱水だけをエネルギー源とする生態系（ハイパースライム）が、たしかに存在していたのである。

生命誕生の謎は、地球だけにとどまらない。太陽系のあちこち——火星、エウロパ（木星の衛星）、タイタンとエンケラドゥス（いずれも土星の衛星）など——にも、生命が誕生しそうな環境がある。宇宙からの視点で生命現象の解明をめざす「**アストロバイオロジー**」という学問分野が、いま急ピッチで構築されつつある。生命誕生の謎を解く鍵は、地球や宇宙のあちこちにひそんでいるのだろう。海底温泉の探査・研究の重要性は、ますます高まっている。

第7章

海溝底では何が起こっているのか？——超深海科学の最前線

第1章ですでに述べたように、日本列島は超深海（深さ6000メートル以上の海）との縁がたいへん深い。だがそのわりには、日本で超深海が話題に上ることはあまりない。第4章で紹介したヴェスコーヴォ氏は、探検家として1万メートル級フルデプス潜水船を自在に操り、超深海探査に金字塔を打ち立てたが、日本ではさほど注目されなかったように思われる。日本では、超深海に行きたくても、今のところ「しんかい6500」で行ける深さ6500メートルが限界だからだろうか。

しかし、宝の山を目の前に、指をくわえている手はなかろう。深さ1万メートルの海溝底では、いったい何が起こっているのか、どんな堆積物がたまっているか、生物はいるのか、海水はどう動き、どんな化学的性質をもっているか――などなど、興味深い謎が目白押し状態だ。フルデプス潜水船がなくても、調べる手段はほかにいろいろある。わが国がEEZとして管轄している千島・カムチャツカ海溝の一部、日本海溝、伊豆・小笠原海溝、琉球海溝――これらの超深海を、われわれは他国に気兼ねすることなく、自由に調査研究ができるのだ。考えただけでもわくわくしてくるではないか。

本章では、日本においてこれまで実施されてきた超深海研究、とくに物理・化学的研究の歩み――まだ数は少ないが――を具体的にふりかえり、将来への展望を語ってみたい。

海溝の鉛直観測に先駆けた日本の観測船

海溝の内部には、どんな海水があるのだろう?

この問いに答えるには、海溝内から海水を採取して調べなければならない。そのための常套手段は、海面に浮かぶ研究船から長いワイヤーを海中に向かって降下させ、その先端や途中に海水採取装置を取り付けることである(たとえば図6・9参照)。ワイヤーの届く限り、さまざまな深さの海水を採取することができる。そして採取した海水を船上、あるいは陸上の実験室で化学分析することによって、海水の性質を明らかにできる。

ところが、この「ワイヤーの届く限り」が曲者《くせもの》だ。観測船の多くは(とくに昔の観測船)、海溝内へ下ろせるほど長い観測ワイヤーを装備していないので、せっかく海溝の上まで来ても、海溝の底に手が届かない。このため、海溝内の海水(海溝水)を採取して分析したデータは、世界的にも、まだきわめて少ない。

ここに、日本近海の海溝水の鉛直構造を先駆けて調べた例がある。1962年5月に千島・カムチャッカ海溝で行われた海上保安庁の測量船「拓洋(初代)」(図7・11)による観測だ(図7・1および図7・2)。初代拓洋は1957年の建造ながら、海溝の観測に対応できる9500メートルという大深度用ワイヤーを装備していた。前述した常法に従い、海溝水の鉛直採取が

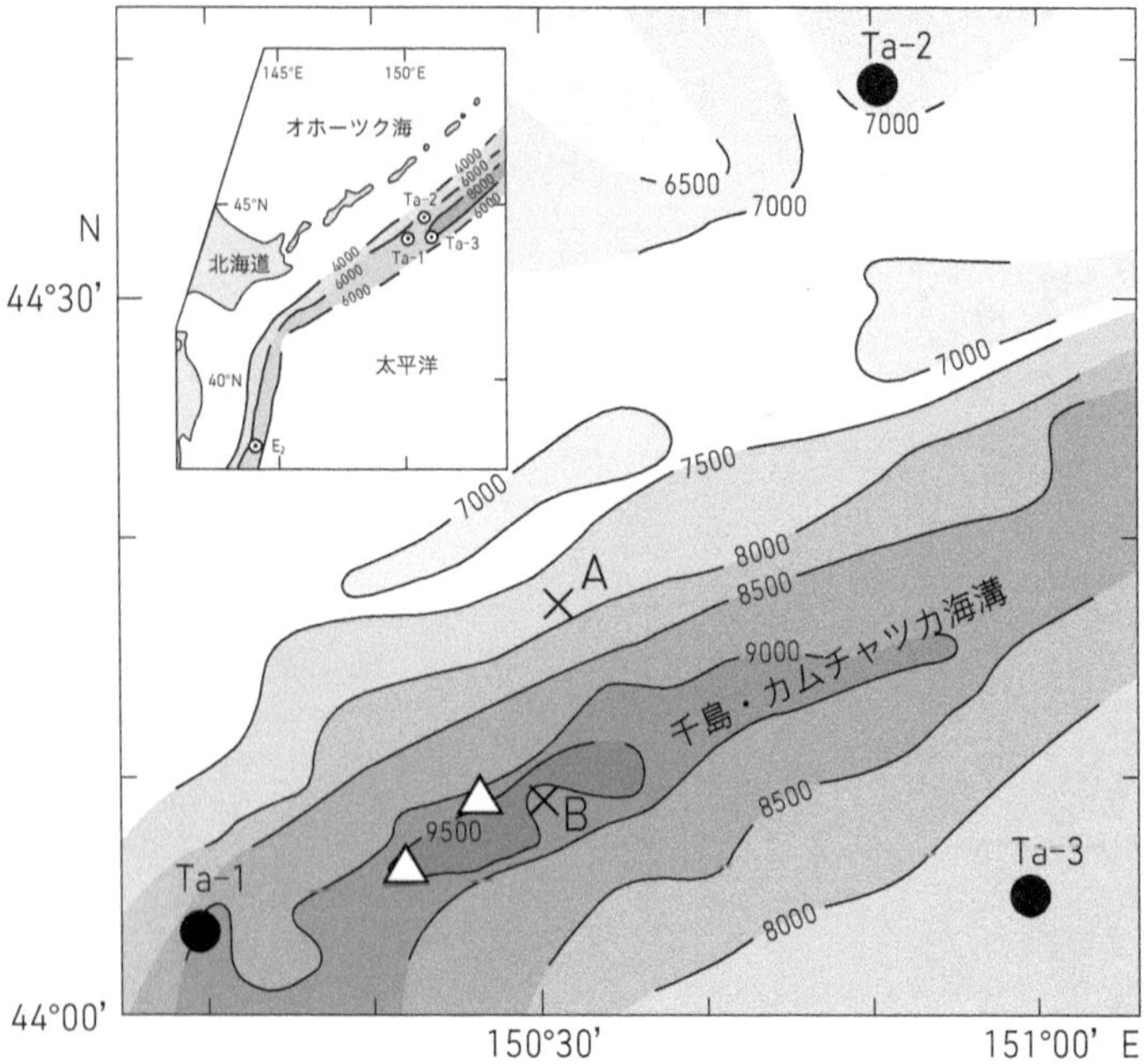

[図7.1] **千島・カムチャツカ海溝の海底地形**

黒丸は、海上保安庁の測量船「拓洋」による千島・カムチャツカ海溝調査（1962年5月）における観測点（Ta-1, 2, 3）の位置（Nitani & Imayoshi, 1963)。地点Aおよび地点Bはそれぞれ、当海溝の最深点とみなされていた場所（ソ連の「ヴィチァズ号」が1953年に観測)、および「拓洋」がこの調査の際に記録した最深点の位置を示す。また、2ヵ所の三角点は、1962年7月にフランスの潜水船「アルシメード号」が潜航した位置を示す（章末コラム参照）

実施された。最深8356メートルまで海水試料が採取され、溶存酸素と塩素量（Cl^-濃度のことで、塩分に換算できる）が分析された。

図7・1は、このときの観測点（Ta－1、－2、－3の3ヵ所）を、拓洋が自ら測量した海底地形図上に表示したものである。当時、千島・カムチャツカ海溝の最大水深といえば、1953年に、ソ連の観測船「ヴィチァズ号」が、図7・1の地点Aで計測した1万382メートルであった。しかしこの最深値は拓洋には確認されず、拓洋の得た最大水深は、約20キロメートル南の地点Bにおける9550メートルであった。千島・カムチャツカ海溝における地形探査には、いろいろ興味深い話題があるので、本章の最後（コラム記事）に別にまとめた。

さて本題に戻ろう。3ヵ所の観測点で得られた結果が、図7・2にまとめられている。深さ約4000メートルを超えたあたりから現場水温が深さとともに上昇するのは、水圧によって圧縮されることによる昇温現象である。その水圧の影響を除いたポテンシャル水温もプロットされているが、海溝内でわずかに増加傾向を示しているのが目を引く。いっぽう、塩素量と溶存酸素は海溝内でわずかに減少する傾向を示した。

ポテンシャル水温と塩素量（塩分）から計算される海水の密度は、深さ5000〜6000メートル付近で最も大きく、その下側の海溝内には、より低密度の海水があることになる。しかしこの状態は力学的に不安定だ。やがて海溝水が浮き上がり、上下混合が起こったのではなかろうか。その直前の過渡的な状況（たとえば、高密度の底層水が海溝外から一時的に5000〜6

000メートル層に貫入していた、とか）をたまたまとらえたのだろう。あるいは、海溝内が海底に近づくほど懸濁粒子で濁っていたため、その寄与によって海溝水が深くなるほど重くなり、

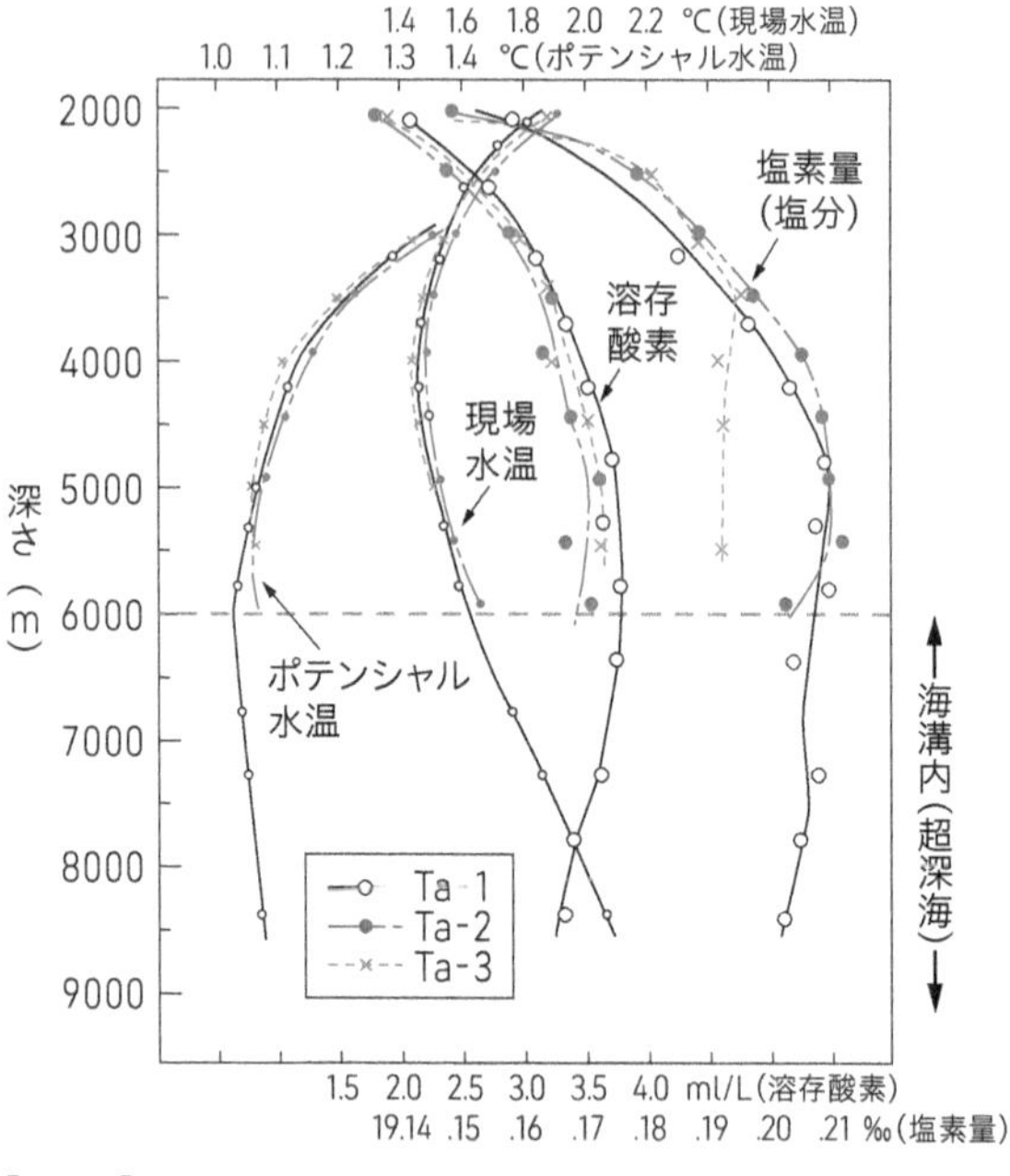

［図7.2］ **測点Ta-1, 2, 3におけるポテンシャル水温、現場水温、溶存酸素、および塩素量の鉛直分布**
Nitani & Imayoshi（1963）に加筆

密度の逆転を妨げていた可能性もあるが、はっきりしたことはわからない。

溶存酸素が海溝内で深さとともに減少しているのは、前述したような過渡的現象、すなわち富酸素水の水平的貫入を反映しているのかもしれない。また、海溝底に近づくほど活発な生物活動があり、生物による活発な酸素消費を反映した鉛直分布と考えることもできる。

上下混合が活発で、換気も良好な海溝内部

同じ頃わが国では、「拓洋」や気象庁の観測船「凌風丸」（13000メートルの観測ワイヤーを装備）を用いたJEDS（Japanese Expedition of Deep Seas）プロジェクトが実施され、日本近海の海溝を含む深海域で、主として海底物理学的・地質学的研究が進められた。

第3章で述べたように、1962年と1967年にフランスのバチスカーフ「アルシメード号」が来日し、日本近海の海溝で潜航調査を実施したのは画期的なイベントだった。しかし1962年の調査は、その前年に建造されたばかりのアルシメード号にとって、まだテスト潜航の意味合いが強かったらしい。千島・カムチャツカ海溝で深さ9549メートルまで潜航したものの、海溝水は採取できなかった。また1967年に再来日し、伊豆・小笠原海溝で深さ9260メートルまで潜航したが、フランス側主体の地質学的、あるいは生物学的な研究に終始したようで、わが国の海溝研究が大きく活性化するにはいたらなかったように思われる。

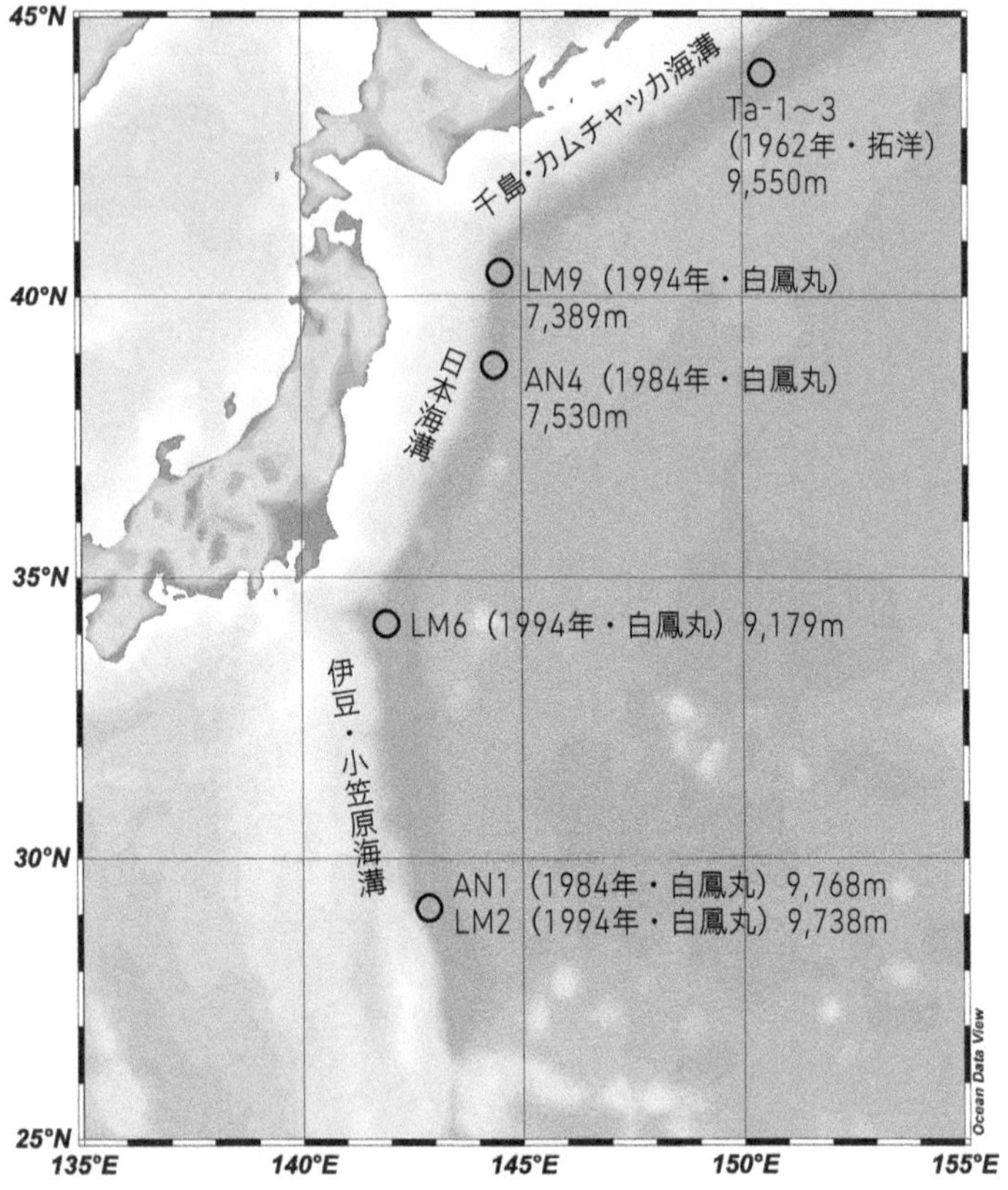

[図7.3] **白鳳丸（東京大学海洋研究所）が、1984年および1994年に実施した日本海溝および伊豆・小笠原海溝の観測点の位置**

各測点の数字は、海溝底の深度データを示す。1962年の「拓洋」による千島・カムチャツカ海溝の観測点（Ta-1〜3）も合わせて示した日本の研究グループが、初めて超深海の化学的研究に本格的に取り組んだのが、１９８４年および１９９４年に実施された、研究船「白鳳丸」による研究航海であろう。北緯29度から40度（伊豆・小笠原海溝から日本海溝）まで、図７・３に示した４測点が設定された。そして海洋表面から海溝底の直上にいたるまで、小刻みな深さ間隔で海水試料が採取され、海溝水の詳細な化学的性質が初めて明らかにされた。さらに、伊豆・小笠原海溝の北緯29度の観測点（ＡＮ１、ＬＭ２）では、10年の間隔を置いて繰り返し観測も実施された。

これらの観測でまず明らかになったのは、４測点のいずれにおいても、海溝水は酸素に富み、上下方向にほぼ均一な分布をしていることだった（図７・４）。つまり海溝水は、酸素に富む南極底層水の影響を強く受けており（図５・５や図５・７参照）、かつ海溝内で上下によく混合されているのである。その一方で、千島・カムチャツカ海溝で見られたような、海溝底に向かって酸素濃度が減少する傾向（図７・２）は、これらの４測点ではほとんど認められなかった。

１９８４年の観測では、海溝水に含まれるラジウムやトリウムなど、さまざまな放射性核種も計測された。それらの濃度分布を解析してわかったことは、海溝水とその上側の深層水との間では、５年程度の短い時間スケールで、海水が頻繁に入れ替わっていることだった。

つまり海溝水というものは、切り離されて澱《よど》んだ深淵の溜まり水などでは決してなく、上下によく混ざり、かつその上層の海水とも活発に入れ替わっていることが明らかになったのである。

ただし、データを子細に見ていくと、海溝水がつねに上下均一とは言い切れないところもある。

たまに一過性の出来事もあるらしい

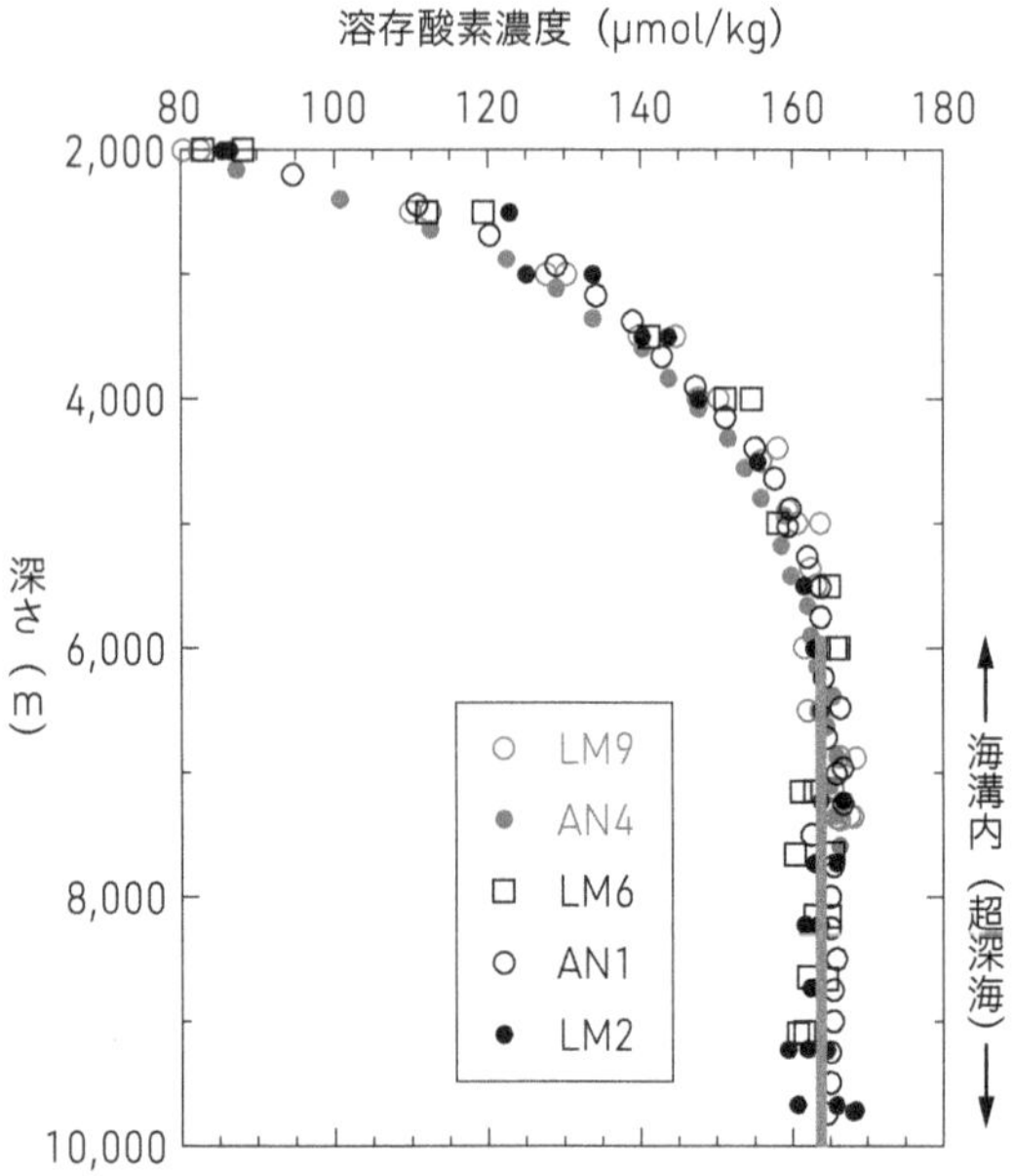

[図7.4] **日本海溝および伊豆・小笠原海溝の観測点における溶存酸素の鉛直分布**
観測点の場所は図7.3参照

たとえば図7・4に示した溶存酸素濃度分布は、観測点によっては、海溝内（6000メートル以深）で若干の増減（ジグザグ）を示している。酸素の供給と消費のバランスになんらかの揺らぎがあるのかもしれないし、単に分析精度の問題かもしれない。今後観測を繰り返し、データを蓄積して判断する必要があるだろう。

観測点AN1とLM2（伊豆・小笠原海溝、北緯29度）では、それまで前例のなかった、海溝内の同じ場所での繰り返し観測（1984年と1994年）がなされた。ほとんどの化学成分は両時期で似かよった濃度分布を示したが、ケイ酸塩については、少し分布のかたちが違っていた（図7・5）。深さ5000メートル以浅はよく一致しているが、それより深くなると、わずかだがズレていた。

具体的に見てみよう。1994年の分析データ（LM2）は、深さ約6000メートルから下は濃度均一できれいな直線（図の赤い線）を示す。ところが、1984年のデータ（AN1）は、この直線から少し外れ、海溝内で深さとともに増加する傾向を示している。これは1984年に、海底付近でなんらかの一時的なケイ酸塩の供給（たとえば、地震のような地殻変動に伴う地下水の湧出）があったためかもしれない。詳細は不明である。もちろん分析誤差の可能性もある。しかし観測例やデータの少ないうちは、どうしても選択肢を絞りきれない。

実例をもうひとつ。JAMSTECの川口慎介博士らのグループが、竣工したばかりの海底広域研究船「かいめい」を用いて2016年におこなった観測結果を紹介しよう。西太平洋の北緯

24度から36度まで、マリアナ海溝、伊豆・小笠原海溝、および日本海溝に10測点を設け、東西方向の断面観測も含めて、海水中の化学成分や同位体比の詳細な鉛直分布を明らかにした。海溝水の化学的特徴を、これほど広域にわたって精密に測定した研究は世界に例がなく、貴重なデータセットである。今後さらに発展させてほしい。

この分析データの中で興味深いのが、メタンガスの濃度分布である。ほとんどの化学成分は、

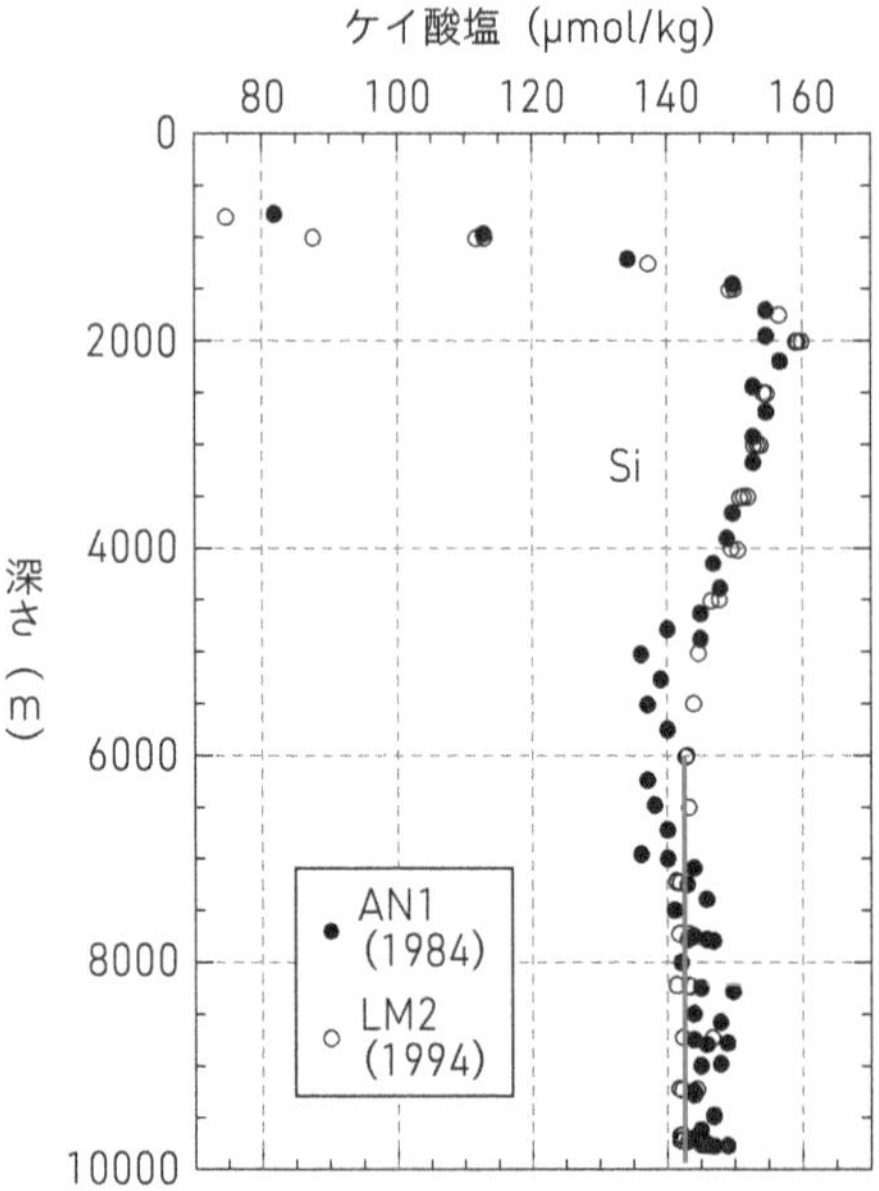

［図7.5］伊豆・小笠原海溝（北緯29度）において、1984年（AN1）と1994年（LM2）に得られたケイ酸塩濃度分布の比較

Gamo & Shitashima（2018）

海溝内どこでも、上下にほぼ均一な分布を示した。ところがメタンガスは、北緯34度の観測点でのみ、海溝内で特異的に高い濃度を示したのだ（**図7・6**）。濃度が高いだけでなく、メタンの炭素同位体比も明らかに違っていた（$^{13}C/^{12}C$比が低かった）。つまり異種のメタンが、一時的に供給されていた可能性が高い。その供給源を特定するのは今後の課題だが、海溝底あるいは海溝斜面から、細粒の堆積物がなんらかの原因で舞い上がって懸濁し、そこから微生物由来のメタンガスが漏れ出ていたのではないかと推察されている。

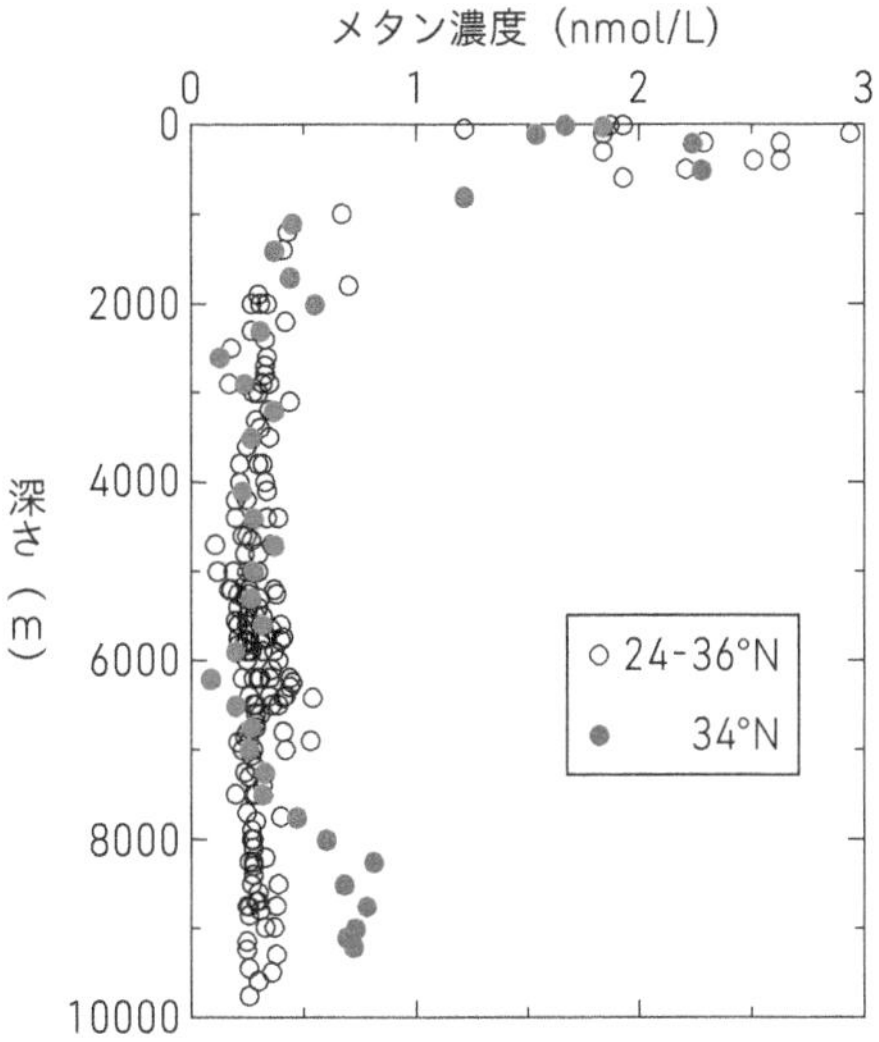

［図7.6］**北緯24〜36度の10ヵ所の海溝で測定された海水中のメタンガス濃度分布**
海溝内で異常値を示した北緯34度のデータのみ赤色で示した。Kawagucchi et al. (2018) のデータをもとに作図

似たような例は、1994年の白鳳丸航海でも観測されている。測点LM9（日本海溝）の海底付近で、鉄やマンガンなど重金属の濃度が異常に高かったのだ。ちょうど北海道東方沖地震の直後だったので、その間接的な影響を受けて、海溝底で細かい粒子が舞い上がったためではないかと考えられている。また2011年3月11日

の東北地方太平洋沖地震直後にも、日本海溝内で同様の濃度異常が観測されている。

以上に述べたような、千島・カムチャツカ海溝（Ta－1）で深さとともに密度が低下する不安定状態、伊豆・小笠原海溝のケイ酸塩分布やメタンガス分布、日本海溝での重金属濃度異常など——これらの観測事実からみて、海溝内ではローカルな過渡的現象がときどき出現すると言えそうだ。

同一点で鉛直観測を繰り返し行う、あるいは係留機器を長期間海溝内に設置する、といった時系列観測手法を活用することによって、1回きりの観測では見落とされてしまうおもしろい現象が、今後さらに見つかるのではないだろうか。

急速に土砂がたまっていく海溝底

海溝内で起こる現象が、その直下の海底堆積物に痕跡を残すこともある。

ふつう、外洋の深海平原では、海底堆積物は非常にゆっくりと、時間をかけてたまっていく。1000年かかって、やっと数ミリメートルから数センチメートル程度しかたまらない。

ところが、海溝内はまったく違うようだ。測点AN1（図7・3参照）で柱状の海底堆積物を採取し、堆積物に含まれる放射性核種（トリウム－230や鉛－210など）の濃度分布から堆積速度を推定したところ、なんと1年あたり約0・2センチメートルという、常識外れの高速で

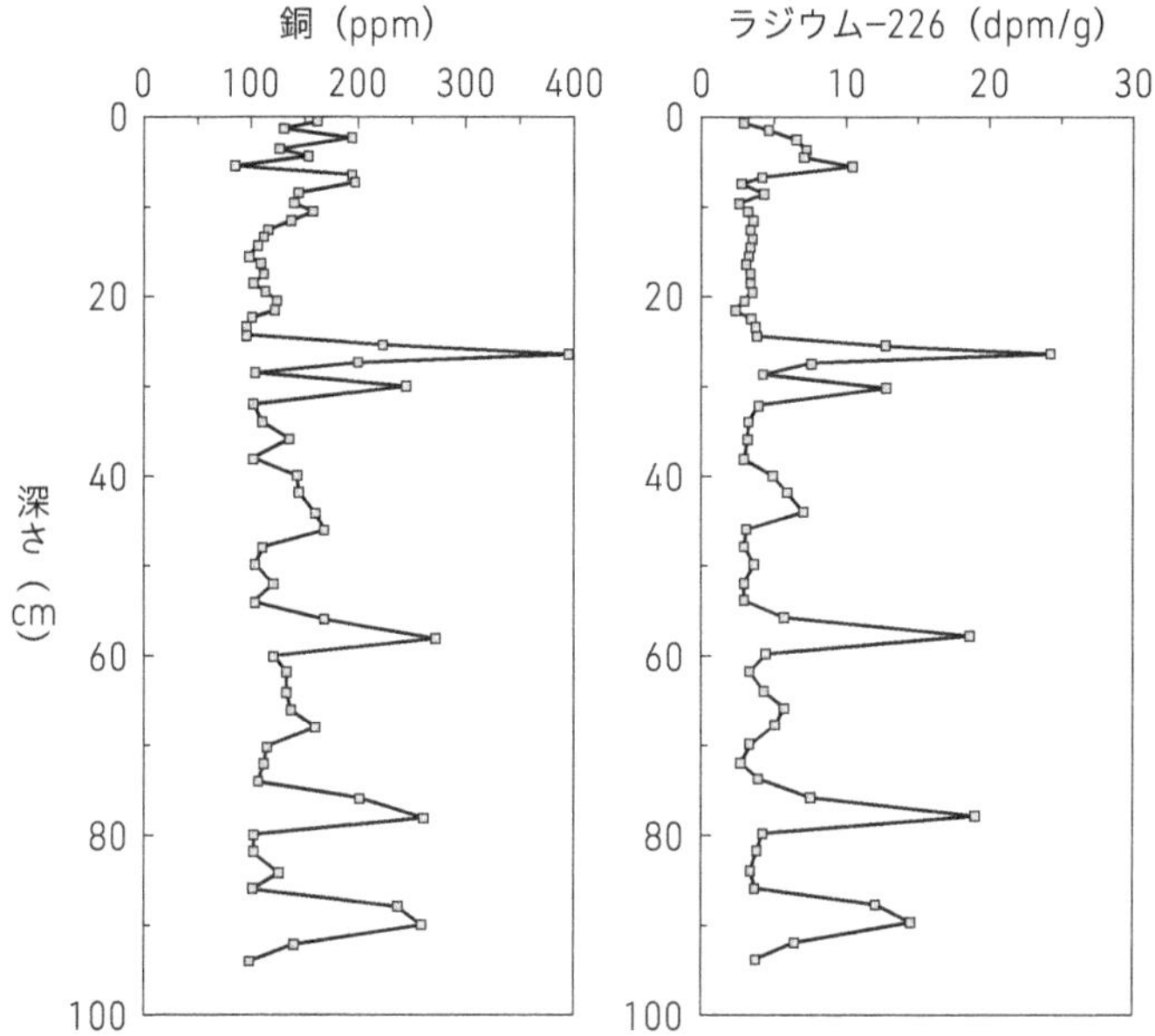

［図7.7］ **伊豆・小笠原海溝最深部の海底堆積物中の銅とラジウム-226の分布**

Nozaki & Ohta（1993）にもとづく。「dpm」は放射能の単位で、1分あたりの放射壊変数を示すあることがわかった。この異常な速さは、海溝内にときおりタービダイト（土砂崩れによる乱泥流）が発生し、大量の土砂が海溝底に降り積もるためらしい。海溝のV字型の地形は、地滑りを誘発しやすいのだ。

図7・7は、測点AN1の海底直下100センチメートルの海底堆積物に含まれる、銅と放射性核種ラジウム－226の濃度分布である。両成分とも、10～20センチメートルごとに、スパイク状の異常ピークを示していることに注目してほしい。このような濃度異常は、マンガンやコバルトにも認められた。これらの重金属元素やラジウムは、一時的に堆積したタービダイト中に濃縮していたと考えられ、過去の出来事の明確な痕跡をとどめている。

堆積速度が0・2センチメートル／年ということは、1メートル堆積するのに、わずか500年程度しかかからない。ということは、図7・7にある小刻みな異常ピークの繰り返しは、50～100年くらいの短い周期で大規模な地滑りの起こっていたことを示している。それらの中には、大規模な地震に伴うものもあったかもしれない。海溝内は、悠久の静寂などなく、けっこう騒々しい世界であることがわかる。

海溝水の動きを実測する

海水そのものの流れも気になるところだ。海溝の内部やその海底付近で、海水はどの方向にどんな速さで動いているのだろうか。海水の動きは、流向流速計を用いて実測することができる。この装置を長期間（たとえば1年間程度）、海溝水中に設置して、連続記録をとればよい。

1995年、東京大学海洋研究所（現・大気海洋研究所）の平啓介教授に率いられた研究グループは、白鳳丸でマリアナ海溝チャレンジャー海淵（図4・8参照）を訪れた。まだ誰も実施したことのない、マリアナ海溝底の流速の長期計測に挑戦するためである。

当時、深度1万メートルの超深海で使用できる流向流速計を販売する業者は皆無だった。そんな超深海で流速を測ろうとする研究者がいなかったからである。そこで平グループは、1980年代中頃から、機器の開発・改良に取り組んだ。既存の機器——耐圧深度が6000メートルまでの流向流速計（ノルウェー製）と音響切り離し装置（国産品）——を、各メーカーの協力を得て、1万2000メートル仕様にグレードアップした。

こうして、チャレンジャー海淵の海底（深さ1万915メートル）に、流向流速計3台と、観測後におもりを切り離して測器全体を浮上させるための音響切り離し装置が、初めて係留された。機器の連結した全体像（係留系）は、図7・8(a)のとおりである。そして1年3ヵ月後、ドイツの観測船「ゾンネ号」がこの測点を訪れ、音響信号を送っておもりを切り離し、係留系一式は無事浮上し回収された。

流向流速計のメモリーから、海溝底の流れの特徴が明らかにされた。流速は全般に小さいが、潮汐流の見えること、西向きの流れがやや卓越していること、最大流速は秒速8・1センチメー

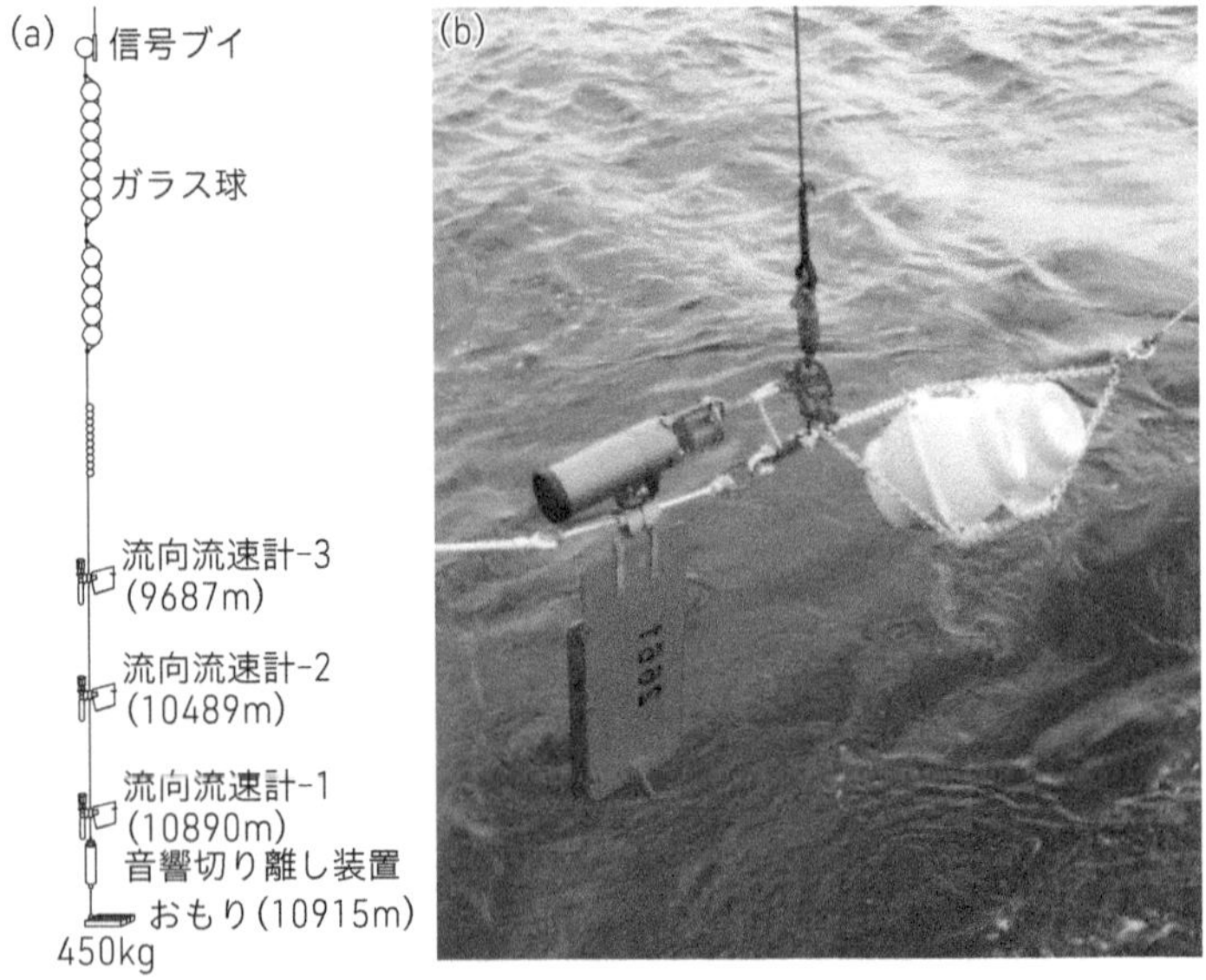

[図7.8] **チャレンジャー海淵に設置された流向流速計の係留系**

(a) 係留系全体の模式図。平（1987）の図を改変　(b) 係留作業中の流向流速計（別航海）

トルに達することなど、新しい知見がいくつも得られた。

同様の係留観測は、伊豆・小笠原海溝（ちょうど測点LM6付近）においても、1987年から1995年にかけて実施された。ここでは海溝を横切るように複数の係留系が設置されたので、海溝内の複雑な海水の動きが立体的に明らかになった。最も強い底層流は、海溝底ではなく、海溝斜面（深さ約6000メートル）で観測された。さらにおもしろいことに、流れの向きが海溝の東側斜面では北向き、西側斜面では南向きで、前者のほうが平均流速が大きかった。このように活発な海水の動きによって、南極底層水の溶存酸素が海溝内に絶えず供給され、また海溝水の上下混合も維持されていることが実測によって確認されたのである。

海溝底でむしろ活発だった生物活動

ごく最近まで、海溝底は生物活動とは最も縁遠い絶境、とみなされていた。

暗黒の深海底では、もちろん光合成反応は起こらない。深海底堆積物の表面から内部にかけて棲む生物は、生きるためのエネルギーを、はるか上の海洋表層から沈降してくる有機物に頼っている。つまり、光合成に由来する有機物が、**マリンスノー**として深海に向かって落ちてくるのを辛抱強く待つのだ（マリンスノーについては第8章のコラムも参照）。

マリンスノーは、降下していくあいだに、微生物による酸化分解を受けて大部分が消失してし

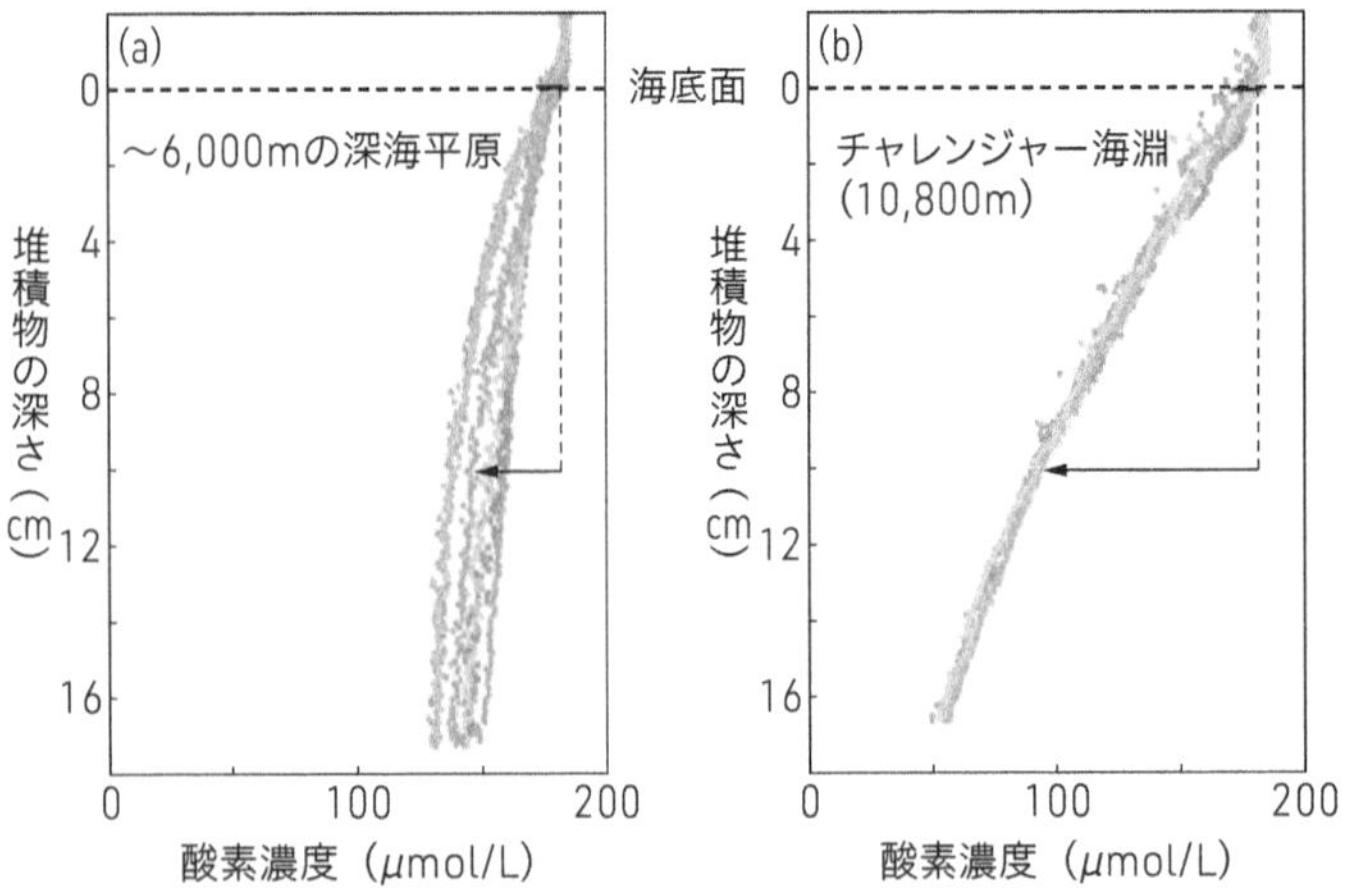

［図7.9］**海底堆積物中の酸素濃度分布**
(a) 深さ約6000mの深海平原（数点）と、(b) マリアナ海溝チャレンジャー海淵との比較。Glud et al. (2013) の図を改変

まう。深さ数千メートルの深海底まで残るのは、ほんの一部だけ（当初の0・1〜1パーセント以下）だ。海溝底は、海面から最も遠い。有機物の到達量は、海面からの距離に応じて少なくなるはずだから、海溝底ともなれば、生物活動は最も貧弱に違いない——という常識的な解釈が長く続いていた。

しかし、本当にそうだろうか？——と疑うところから研究がはじまる。海溝底における生物活動が活発か貧弱かを調べるのに、表層堆積物中の酸素ガス濃度がよい指標になる。生物は呼吸のために必ず酸素を消費するからだ。図7・4に示したとおり、海溝内の海水は豊富に酸素を含んでいる。この酸素が表層堆積物中に絶えずしみ込む。生物活動が活発なほど、堆積物中での酸素の減り方は大きいだろう。逆に生物が少なければ、堆積物中の酸素はあまり減らないだろう。

ＪＡＭＳＴＥＣでは、海外の研究者と共同で、マリアナ海溝チャレンジャー海淵で実験を行った。特殊な酸素センサーを海溝底の堆積物に突き刺して、堆積物中の酸素の減り方を実測したのである。比較のため、チャレンジャー海淵のすぐ外側の、深さ６０００メートルくらいのふつうの深海底でも同じ観測が行われた。

得られた結果（**図７・９**）は、それまでの常識を覆す、驚くべきものだった。チャレンジャー海淵のほうが、酸素の減り方が圧倒的に大きかったのだ。海底面から10センチメートル下のレベルで比較すると、海溝底では酸素濃度がすでに半分まで減っているが、深さ６０００メートルの深海平原では、まだ2割くらいしか減っていない。つまり海溝底

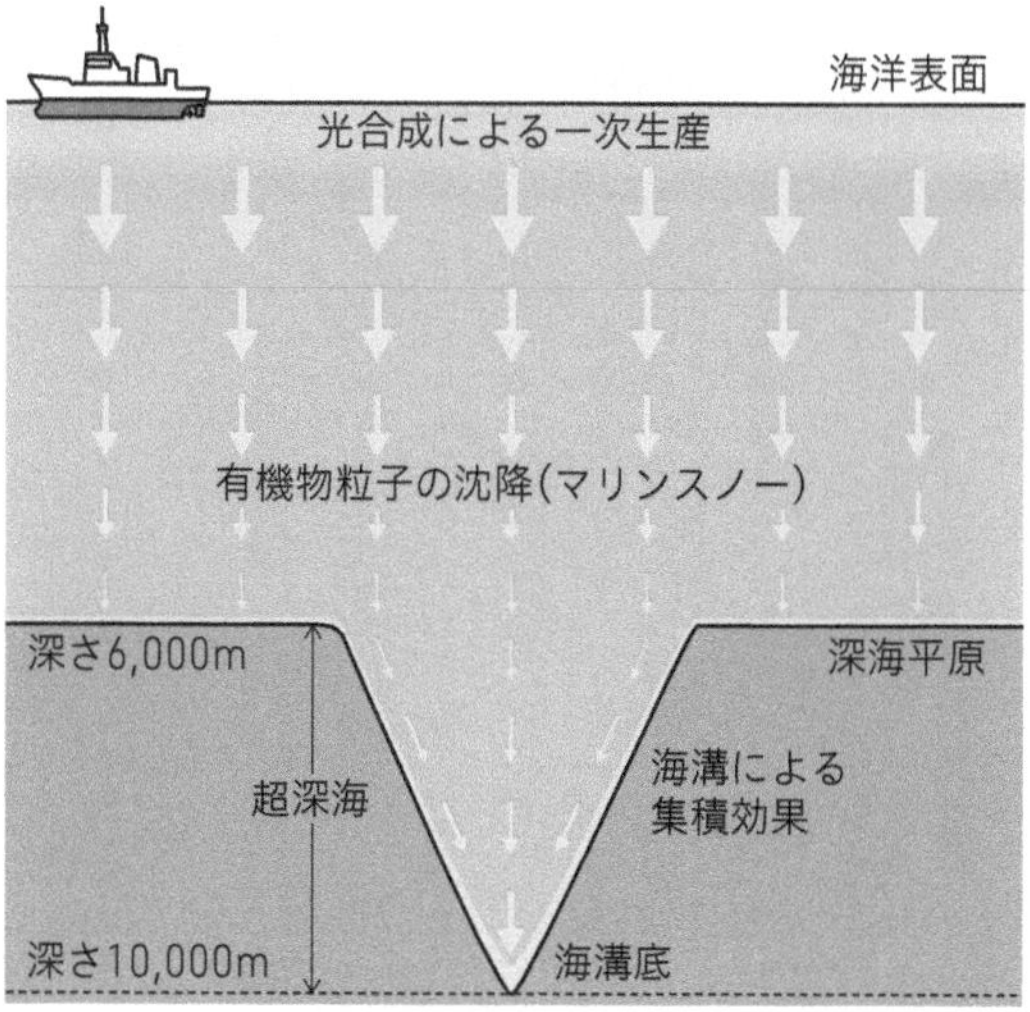

[図7.10] **海溝地形による沈降有機物（マリンスノー）の集積効果**
矢印の太さや長さは、ごく定性的なイメージで、定量的な意味はない

のほうが明らかに生物活動が活発なのだ。これはいったいどういうことだろうか？

地滑りを起こしやすい、海溝のV字形の地形を思い起こしてみよう。図7・10に模式的に示したように、海溝の斜面にいったん落ちたマリンスノーは、重力で転がり落ちたり、海底付近の流れや乱泥流によって巻き上げられ、最終的に海溝の底へと掃き寄せられていくだろう。上記の研究では、実際に海溝内と海溝外で海底堆積物も採取して、有機物や微生物の含量を測定している。その結果、たしかに海溝底のほうが、これらの含量も数倍高いことが確認された。

沈降するマリンスノーを調べた研究もある。北海道大学の研究グループは、日本海溝において沈降粒子を直接集める実験を行った。セジメントトラップと呼ぶ漏斗型の沈降粒子捕集装置（第8章のコラム参照）を、海溝上の3深度（1100メートル、4300メートル、7200メートル）に約1年間係留した。トラップに集められた沈降粒子の化学分析から、たしかに海溝内に有機物粒子が集積しやすいことを示す結果が得られている。

海溝底の豊かさは表層の生物生産力しだい？

海溝底とは、生物の棲みにくい絶境などではなく、むしろ地形的な集積効果によって、比較的食物に恵まれた場所らしい、ということがわかってきた。

すると海溝底の生物にとっては、その直上の海洋表層で光合成が活発に起こるかどうか、が重

［表7.1］ 本章に登場した海溝5測点の位置・深度データと、表層の一次生産量のおおまかなレベル

ピネ（2010）にもとづく

観測点名	海溝名	位置		海底深度 (m)	一次生産量 (gC/m^2/年)
		緯度	経度		
Ta-1	千島・カムチャツカ海溝	44°04' N	150°09' E	9,000	＞250
LM-9	日本海溝	40°26' N	144°30' E	7,389	＞250
AN-4	日本海溝	38°46' N	144°08' E	7,530	150〜250
LM-6	伊豆・小笠原海溝	34°11' N	141°56' E	9,179	150〜250
AN-1	伊豆・小笠原海溝	29°05' N	142°51' E	9,768	＜100

要な関心事になるだろう。光合成による一次生産量が多くなれば、それに応じて、海溝底に集まる有機物質（マリンスノー）もとうぜん増えると期待されるからだ。

海洋表層の一次生産量は、海域によって大きな差がある。一次生産が活発に起こるには、太陽光だけでなく、窒素、リン、鉄などの栄養塩が必要である。栄養塩が豊富な河川水の流入する沿岸域や、深層水の湧き上がり（湧昇）によって栄養塩が供給される海域では、光合成が活発に起こる。逆に、貧栄養海域である亜熱帯外洋域などは、一次生産が小さい。

では海溝直上の海面付近で、生物生産はどんな分布をしているだろうか。北西太平洋表層における生物生産をおおまかにまとめれば、亜寒帯の沿岸域で高く、亜熱帯〜熱帯で低い。千島・カムチャツカ海溝や日本海溝の直上では、親潮の影響も強く、表面海水中の生物生産力が高い。そこで、本章で話題にした5測点（図7・3）の一次生産量を比べてみると、**表7・1**に示したように2〜3倍の違いがある。

このような海域差が、海溝底に届くマリンスノーにそのまま反映されるならば、千島・カムチャツカ海溝（測点Ta－1、北緯44度）のほうが、伊豆・小笠原海溝（測点AN1、北緯29度）に比べて、海溝底の生物活動は活発になるだろう。測点Ta－1の溶存酸素濃度が海溝底に向かって減少している（図7・2）のは、海溝底付近の活発な生物活動と関連しているのかもしれない。今後ぜひ解明したい謎のひとつである。

Column

「拓洋」のみごとな測量とアルシメード号

海上保安庁水路部（現・海洋情報部）の測量船、初代「拓洋」（総トン数773トン、乗員51名、1957年に竣工、図7・11）は、精密深海用音響測深機（PDR）を装着した直後の1962年5月、千島・カムチャツカ海溝の測量のため出港した。以下の話は、図7・1を見ながらお読みいただきたい。

千島・カムチャツカ海溝では、1953年にソ連の観測船「ヴィチァズ号」が、北緯44度17・6分、東経150度30・1分（地点A）において、1万382メートルという水深を観測していた。拓洋の目的のひとつは、ヴィチァズ号と同じ場所に行き、装備されたばかりのPDRを用い

［図7.11］ **初代拓洋**
提供／海上保安庁海洋情報部

て、この水深を確認することだった。

水深を正確に決めるには、PDR生データの音速補正が必要である。海水中の音速分布は、表面から海底までの温度と塩分の深度分布から算出しなければならない。本章の最初で述べた、拓洋による測点Ta－1～3での採水作業と化学分析は、正確な音速補正を行うためにも必須の作業だった。

ところが、地点A付近を精査したにもかかわらず、拓洋は1万メートルを超える深度をついに見つけることができなかった。拓洋の得た最大水深は9550メートルで、地点Aから少し離れた地点B（北緯44度09・0分、東経150度30・0分）で観測された（『理科年表2020』には、この値が千島・カムチャツカ海溝の最深部の深さとして記載されている）。

その後、1966年になって、ヴィチァズ号が再び地点Aを訪れた。彼らもまた1万メートルを超える水深は確認できず、ずっと遠方の別の地点C（北緯45度

25・0分、東経152度45・0分）において、9717メートルを得るにとどまった。

しだいに「1万382メートルという値は、正しいのか？」と、猜疑《さいぎ》の目が向けられるようになっていく。しかし、はっきり否定する決め手もなかったためか、教科書や百科事典には、この値がずっと載り続けた。あまつさえ、誰の仕業か、最大水深値が、いつの間にか1万382メートルから1万542メートル（位置は北緯44度04・2分、東経150度10・8分：地点D）に入れ替わっている教科書まで現れた。

このように曖昧な状況を打破するべく、2016年、ドイツの観測船「ゾンネ号」が、最新の測深機器を駆使して、千島・カムチャツカ海溝を徹底的に測量してまわった。そしてゾンネ号もまた、1万メートルを超える水深は、どこからも検出できなかった。ゾンネ号の得た最大水深は9604メートル（北緯45度09・85分、東経152度40・82分：地点E）であった。このときゾンネ号は、前述の地点A〜Dについても丹念に測深を行い、地点A：7920メートル、地点B：9487メートル、地点C：7499メートル、地点D：9013メートルという結果を公表した。

地点Bは、拓洋がかつて深度9550メートルを観測した場所である。1962年という、まだGPSもない（当時は船の位置を正確に決めるのが大仕事だった）時代に拓洋の得た海底地形図（地点Aには1万メートルを超える海底のないことを示し、かつ地点Bにおいて、ゾンネ号による最新データと比べて遜色のないデータを得ていたこと）は、まことに優れていたということが、半世紀以上のときを経て確認されたことになる。

最近まで、千島・カムチャツカ海溝の最大深度は表1・1の3番目にランクされていたが、ゾンネ号による観測の結果、残念ながら第6位に後退することとなった。世界中に5ヵ所あると言われてきた、深さ1万メートルを超えるスーパー海溝は、これで4ヵ所となった。

ところで、第3章で、フランスのバチスカーフ「アルシメード号」が1962年に来日し、千島・カムチャツカ海溝に潜航したと述べたが、拓洋が千島・カムチャツカ海溝で測量を実施した時期が、アルシメード号の来日の時期とほとんど重なっていることにお気づきだろうか。

もう一度、図7・1をご覧いただこう。拓洋がこの海域の地形探査を行い、測点Ta－1〜3で海溝水の鉛直観測を実施したのが1962年5月、そしてアルシメード号がこの海域にやって来たのが、そのわずか2ヵ月後の7月だ。アルシメード号は、この海域で2回潜航を行っているが、それらの位置は、図7・1に示した2つの三角点である。1回目の潜航が7月15日、北緯44度09分、東経150度26分にて、また2回目の潜航が7月25日、北緯44度05分、東経150度22分にて実施された。到達深度は、1回目が9003メートル、2回目が9545メートルであった。

なお、2回目の潜航で、東京水産大学の佐々木忠義がアルシメードに乗船している。

注目したいのは、これら2つの潜航点が、拓洋の明らかにした海底地形図の最深エリア（深さ9500メートル以上のエリア）にぴったり入っていることだ。古い記録を調べてみると、たしかに海上保安庁からアルシメード号に、できたての海底地形図が提供されていたことがわかる。

第3章で述べたように、1960年1月に、アメリカのバチスカーフ「トリエステ号」が、マリアナ海溝チャレンジャー海淵で、1万900メートルを超える潜航をすでに達成している。この大記録にはおよばないまでも、アルシメード号としては、せめて1万メートルを超える潜航記録を出したかったに違いない。1万382メートルの千島・カムチャツカ海溝(地点A)は、うってつけのターゲットだった。ところが潜航直前に実施された拓洋による測量結果が、地点A付近にあるはずの1万メートルを超える海底を消し去ってしまった。アルシメード号関係者の落胆は、さぞ大きかったであろう。それでやむなく、拓洋の見つけた最深域(地点B付近)へと、潜航点を変更したのかもしれない——これはあくまで想像にすぎないが。

第8章

深海に生きる

——奇妙な生物たちのスゴ技

深海で生きることは容易ではないとわたしたちは思いがちだが、深海生物にとっては深海が終《つい》の棲みかである。そもそも19世紀初頭まで、深海に生物はいないと考えられていた。しかし、高い水圧の中で悠々と泳ぐ深海魚、荒涼とした深海底をゆっくりと這うナマコ、熱水噴出口に群がるエビやカニ、低木の林のように見えるハオリムシの群集など、深海生物が次々に見つかってきた。化石でしか見られない太古の海洋生物のように奇妙な姿の生物が多いので、時間が止まって、昔からずっとそこにいるように見える。

厳しい環境——高い水圧、太陽光の欠如、乏しい食糧——の中で、生命を維持してきたということは、驚くほどの能力があるに違いない。それは何だろうか。奇妙な形、消化管の喪失、鋭敏な嗅覚、雌に付着する小さな雄、猛毒への耐性——想像を超えた生物の世界が深海にはある。

深海は静まり返っているわけではない。個体数こそ少ないものの、その過酷な環境にみごとに適応した生物で賑わっている。本章では、明らかになってきた深海生物たちの生きる術を解説しつつ、いまも残る謎を紹介していこう。

深海・超深海の生物多様性

食卓に上る魚を見慣れているせいか、深海生物は姿形が〝特殊〟というイメージがあるのではないだろうか。しかし、系統分類においては浅海の動物たちと大きな違いはない。というのも、深海に固有の門＊は見つかっていないのである。まず、脊椎動物としては魚類が深海にいる。そして、浅海や磯に見られる無脊椎動物がいる。少しだけその例をあげると、カイメン（海綿動物門）、イソギンチャク（刺胞動物門）、ゴカイ（環形動物門）、二枚貝、巻貝（軟体動物門）、カニ、エビ（節足動物門）、ナマコ（棘皮動物門）の仲間などだ。超深海では個体数も種数も激減するが、深海魚、深海ナマコ、ヨコエビは観察されている。しかし、今のところ新しい門に入れるべき生物は観察されていない。

種レベルではどれほどの多様性があるのだろうか？　これに答えるには、進化と適応を背景にした生態系全体の理解が必要になる。

今までに記載された真核生物の種数は、海洋生物に限れば約24万種である（World Register of Marine Species：ＷｏＲＭＳ）。海洋生物地理情報システム（ＯＢＩＳ）事務局のワード・アペルタンス博士らは、海洋生物の種数を１００万種未満と推定している。

全海洋の容積の80％が１０００メートル以深の深海である。深海は広大で、その中には多様な海底地形や環境がある。いっぽう、水温は2～3℃付近で安定し、深層海流は表層の流れとは違い穏やかである。〝生きた化石〟と呼ばれるシーラカンス、古代サメのラブカなど、祖先に近い形質をもつ生物が今でも深海に生息している。

＊門とは生物分類の上から2番目の分類単位。最上位は界。それより下位は、門、綱、目、科、属、種の順になる。

深海にも浅海にもいる生物

不思議なことに、浅い海で漁をすると深海魚が獲れることがある。深海と浅海を日周鉛直移動する深海魚が、浅海を遊泳中に網にかかってしまうのだろう。浅海でよく獲れる深海魚のひとつは**ハダカイワシ類**である（**図8・1**）。深海魚の特徴とも言える発光器を腹側にもち、日中は水深450メートル付近の中深層にいるが、夜間には200メートル以浅の表層近くに移動する。また、ダイオウイカ、リュウグウノツカイ、深海ザメがまれに浅海で見つかるのは、たまたま湧昇流に乗ったり餌を追ったりしたためと考えられている。

浅海の共通祖先から派生した近縁種が深海にも生息している例がある。浅海のイガイは、日本では太平洋岸や瀬戸内海に広く分布するが、イガイ科の1種である**シンカイヒバリガイ**（**図8・2**ⓐ）は水深1000メートル前後の熱水噴出域や湧水域に分布する。消化管はほぼ退化し、鰓《えら》の細胞内に共生する硫黄酸化細菌から栄養をもらっている、典型的な極限環境の生物である。硫黄酸化細菌が利用する硫化水素は、シンカイヒバリガイにとっては有毒である。東京大学大気海洋研究所の井上広滋教授の研究によれば、シンカイヒバリガイは体内に蓄積したヒポタウリンという化学物質を使って、硫化水素を無毒化している（図8・2ⓑ）。硫化水素がヒポタウリンと結合すると、無毒のチオタウリンという物質になるのである。このヒポタウリンはタウリンの前

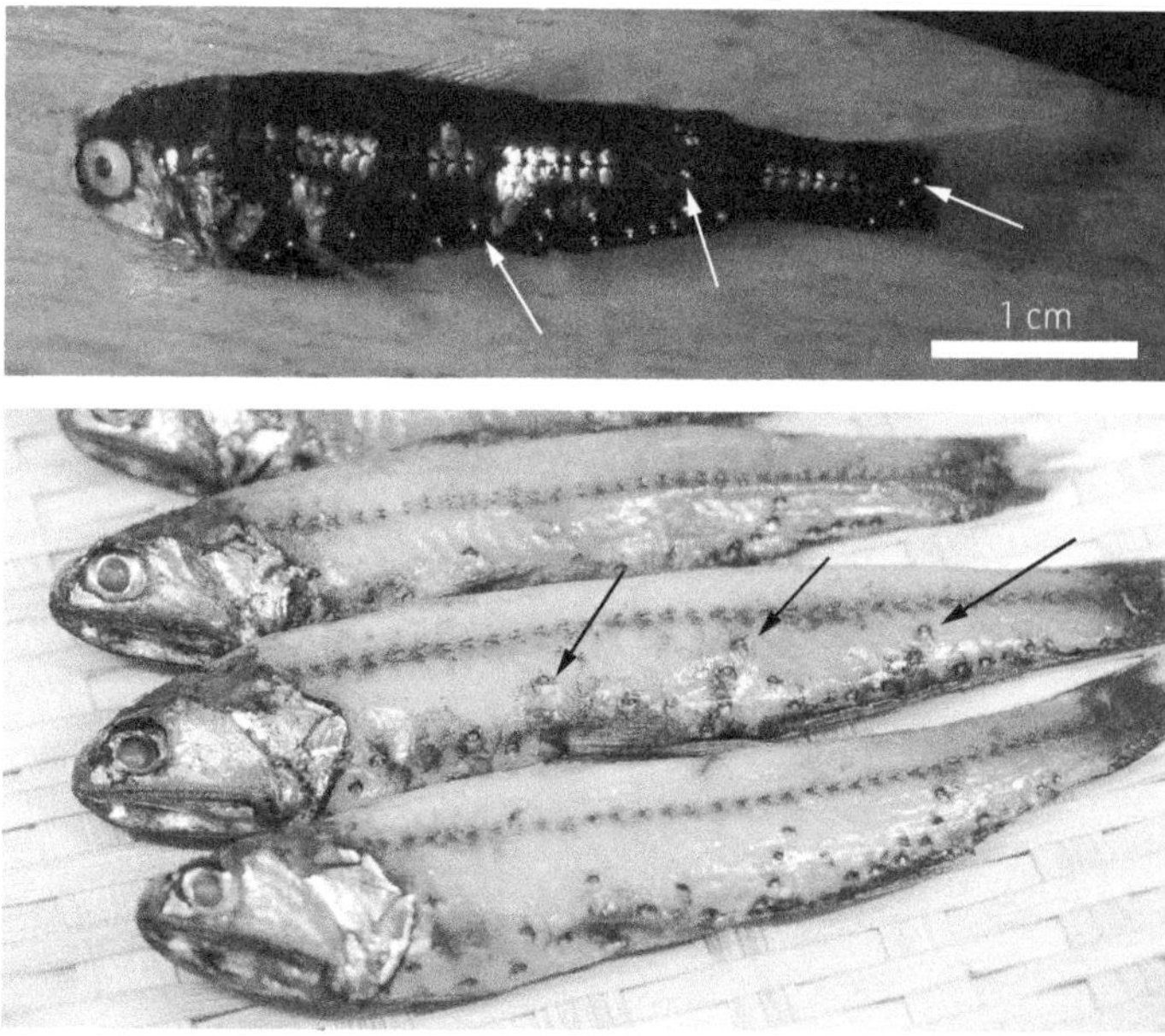

[図8.1] **ハダカイワシ類**

矢印で指すように、発光器が腹側に並ぶ。上：研究航海においてプランクトンネットで採集された。水深約300 m。著者撮影。下：食用の干物。愛知県や高知県ではよく売られている。鱗がはがれやすい駆体であるが、浅海のイガイも浸透圧調節のために蓄積している。すなわち、シンカイヒバリガイの祖先が浅海から深海に進出する過程で、ヒポタウリンの蓄積能力を高める適応進化を遂げたと考えられる。

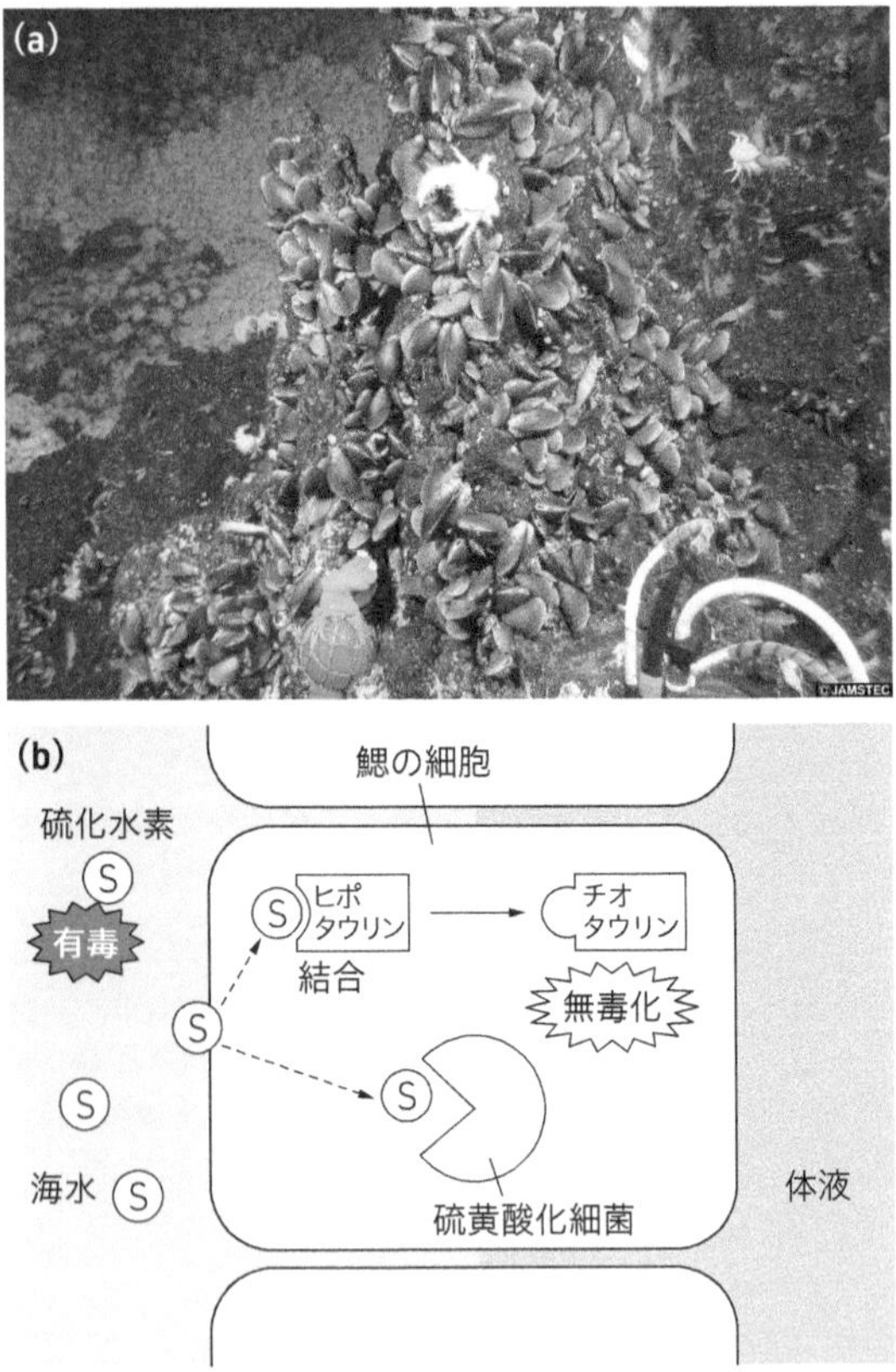

[図8.2] **シンカイヒバリガイ(*Bathymodiolus platifrons*)**

(a) 沖縄の北部伊平屋海嶺のシンカイヒバリガイ群集。©JAMSTEC
(b) シンカイヒバリガイが硫化水素を無毒化する方法(模式図)。鰓に取り込まれた硫化水素は硫黄酸化細菌に利用されるほか、ヒポタウリンと結合して無毒化される。図中の「S」は硫化水素を表す。井上広滋教授による図を一部改変

超深海の生物の観察記録

第3章で紹介したが、1960年に世界で初めてチャレンジャー海淵の底（水深1万912メートル）に到達したトリエステ号の潜航記録には、海溝底でヒラメのような生物を見たとある。だが2012年、第4章で紹介したジェイミソンと米国ウィットマン大学のポール・ヤンシー（Paul Yancey）教授の研究によって、トリエステ号が見たのはヒラメではなかったとの見解が示された。その根拠は、魚類の生存可能限界の深さは8200メートルと推定されたことにある。トリエステ号が超深海底に滞在して周囲を観察できた時間は20分だけだったので、ナマコか何かをヒラメと見間違えた可能性がある。

これも第3章でごく簡単に触れたが、2012年のディープシー・チャレンジャー号によるマリアナ海溝潜航でも、超深海の生物が観察されている。このとき、チャレンジャー海淵の水深1万908メートルの海底に3時間滞在したキャメロンは、カイコウオオソコエビを採取した。また、この潜航で採取された堆積物からは、新種の微生物が多数発見された。

さらに2019年4〜5月には、リミティング・ファクター号が1万925メートルの世界最深部に到達し、5回も1万メートル以深に潜航した（第4章参照）。その潜航で新たに観察された生物にはナマコが含まれる。世界のナマコの種数は1500種以上で、水深1万メートル近くでも観察されるほど生息分布は広い。ユメナマコ、オケサナマコ、クマナマコなどの楽しい和名も多い。ユメナマコの泳ぐ姿は、約35年前にフィルム式深海カメラで日本人が初めて観察した。少なくとも深海から超深海までに20種以上が知られており、深海調査が進めば、新種がさらに見つかることは間違いないだろう。

臓器をもたない動物

深海には、とてつもなく奇妙な姿の生物が多い。なぜならば、その生息場所が極限環境にあるためであり、その環境への適応として奇妙な体を獲得したのだ。なんと、体の内外の臓器や器官を失っている動物もいる。

極端な例は**ハオリムシ**（図6・11、**図8・3**）で、口も消化管も排泄器官ももたない。体全体の90％以上が「栄養体」と呼ぶ組織であり、栄養体の細胞の内部には化学合成微生物（細菌）が共生する。ハオリムシは、共生微生物がつくる有機物を栄養として使っている。すなわち、微生物が硫化水素などの無機物を酸化し、その際に生じる化学エネルギーを利用して炭素を固定し、有機物を合成する。共生微生物のエネルギー源となる硫化水素はハオリムシの鰓から取り込まれ、血液中のヘモグロビンに結合して栄養体へ運ばれる。ハオリムシのヘモグロビンは巨大で、酸素だけでなく、硫化水素も運べる大きな構造をもっているのである。ハオリムシの心臓は血液のポンプの役割を果たすが、北里大学の三宅裕志教授によれば、棲管中で体をくびれさせることで血液を循環させてもいて、酸素と硫化水素を栄養体に行き渡らせている。

ところで、硫化水素は多くの動物にとって猛毒である。酸素呼吸に関わる酵素であるチトクロームCオキシダーゼというタンパク質と結合して、そのはたらきを阻害してしまうからだ。ハオリムシもチトクロームCオキシダーゼを利用しているが、なぜ硫化水素を取り込んでも平気なのだろうか？　秘密はハオリムシの血液に含まれる巨大なヘモグロビンにあった。ヘモグロビンが硫化水素と素早く強力に結合することで、無毒化させているのである。

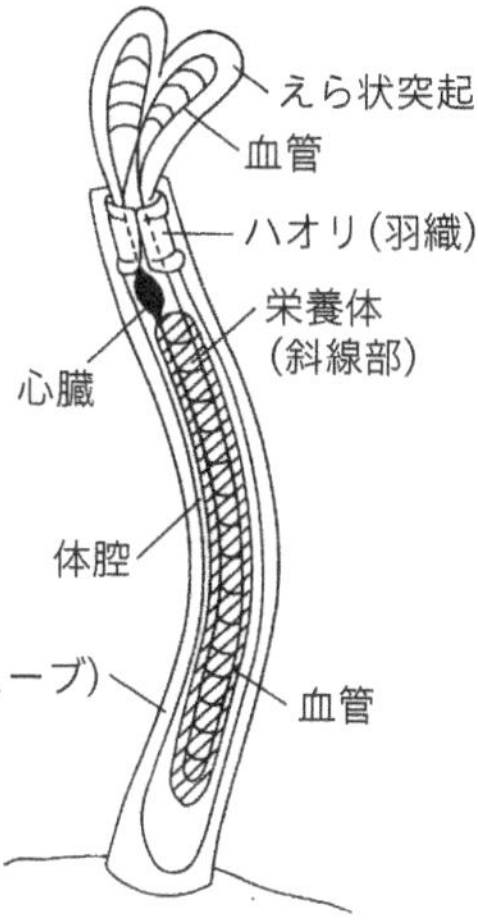

［図8.3］ **ハオリムシのスケッチ**

もっと奇妙なハオリムシの仲間は、深海底に沈んだ鯨骨から発見された**ホネクイハナムシ**である（**図8・4**）。その名は、「骨を食う花のような小動物」を意味する。全長9ミリメートルほどの体の後部は鯨骨内にまで入り込んでおり、まるで植物の根のように枝分かれして鯨骨内部で広がっている。ここには、鯨骨内部に残っている有機物を分解する微生物も共生している。したがってホネクイハナムシは、クジラの腐敗の進行に従って効率よく栄養を摂取できるのだが、逆に考えると、クジラだけに依存した生物である——鯨骨から離れられない生き方を選んだというわけだ。

海底に立つ貝、鎧《よろい》をまとう貝

深海にも二枚貝と巻貝がいるが、浅海の種と同様に殻の形で見分けがつく。二枚貝には表と裏があり、裏を下にして横たわるか、縦になって海底下に潜っているのがふつうだ。しかし、例外もいる。

シロウリガイは体長が最大30センチメートルにもなる大型の二枚貝で、体の一部（足）を海底に突き刺し、海底に立っている（**図8・5**）。海底堆積物中の硫化水素を足から取り込んでいるのだ。先ほど紹介したハオリムシと同様、硫化水素を共生微生物に提供し、代わりに有機物をもらっている。シロウリガイとハオリムシの大きな違いは、シロウリガイが化学合成微生物を鰓の細胞内に共生させていることである。シロウリガイの場合、鰓から取り込んだ酸素をヘモグロビンと結合させて体中に運び、足から取り込んだ硫化水素を血液中の亜鉛タンパク質と結合させて鰓まで運ぶ。

巻貝にも変わった種類がいる。殻の中に体全体が入るのがふつうだが、スケーリーフット（図10・5参照）は、鱗《うろこ》状の黒い物質で覆われた足が外に出たままである。その鱗は硫化鉄を含むが、

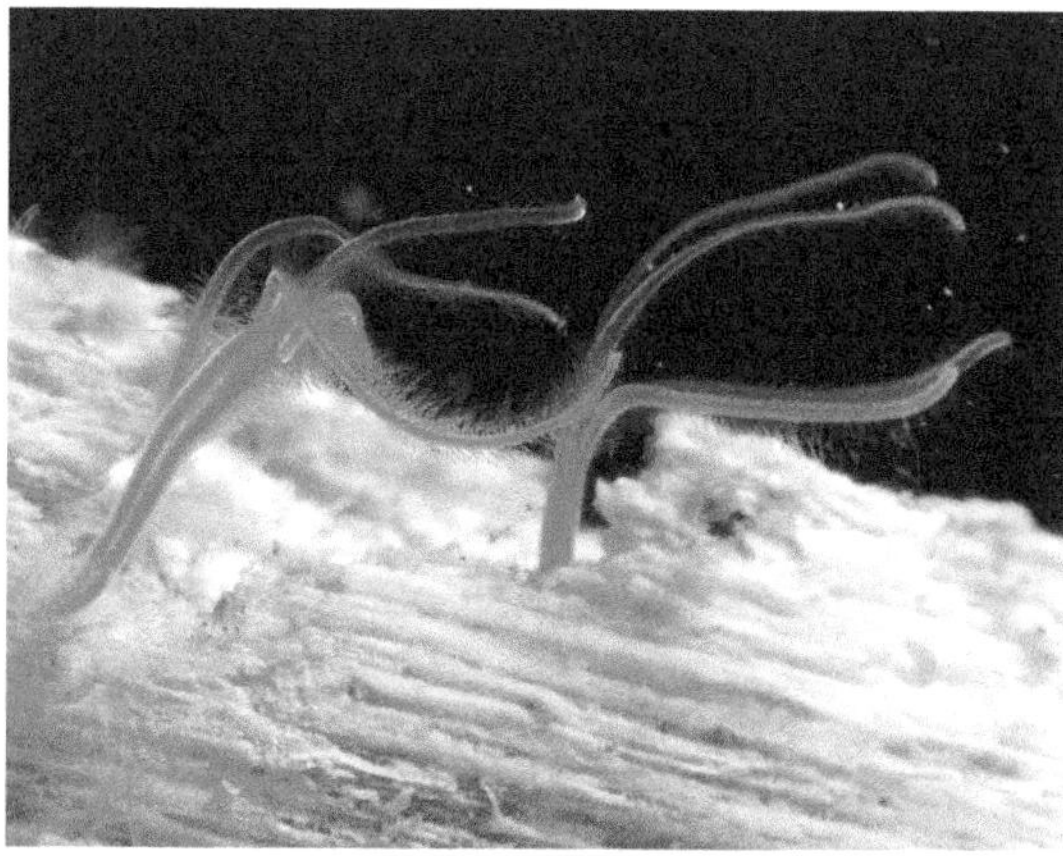

[図8.4] **ホネクイハナムシ（*Osedax japonicus*）**
骨の表面に見えるホネクイハナムシ。その体は骨の内部まで入り込んでいる。提供／Yoshihiro Fujiwara/©JAMSTEC

[図8.5] **シロウリガイ（*Calyptogena*）の群集**
©JAMSTEC

これは、共生微生物が硫化水素と海水中の鉄を使って生成している。硬い硫化鉄の鱗をまとうのは捕食者から身を守るためと考えられるが、2010年に日本の「しんかい6500」の潜水調査で、硫化鉄を含まない白い鱗に覆われたスケーリーフットが発見された。黒いスケーリーフットと白いスケーリーフットとは鱗の鉄の有無が違うだけで、形態も遺伝子もほぼ同じである。鱗の役割はいまだ謎のままだ。スケーリーフットについては、第10章で改めて触れる。

大きな口で襲う魚

次に、深海魚を見てみよう（図8・6）。その第一の特徴は、餌を捕らえるための大きな口と鋭い歯である。これは浅い海の肉食魚類にも見られる特徴だが、深海に棲む魚類では、そのサイズが桁外れである。

たとえば、フウセンウナギは体長2メートルにもなる細長い魚で、水中のプランクトンや小動物を餌とする。開いた口に水を吸い込むと、頭部は風船のように膨み、胴体は紐のように見える。餌を飲み込みすぎた場合は、胃袋までもが風船のように膨らむ。ホウライエソ、ヨコエソ、ホシエソなどは、黒い体、大きな目、大きな口、鋭い歯をもつ典型的な深海魚である。オニキンメはさらに怖い顔をしていて、長すぎる犬歯のために口を閉じることができない。

チョウチンアンコウ類も大きな口と鋭い歯をもつが、暗黒の深海ならではの特徴もある。小動

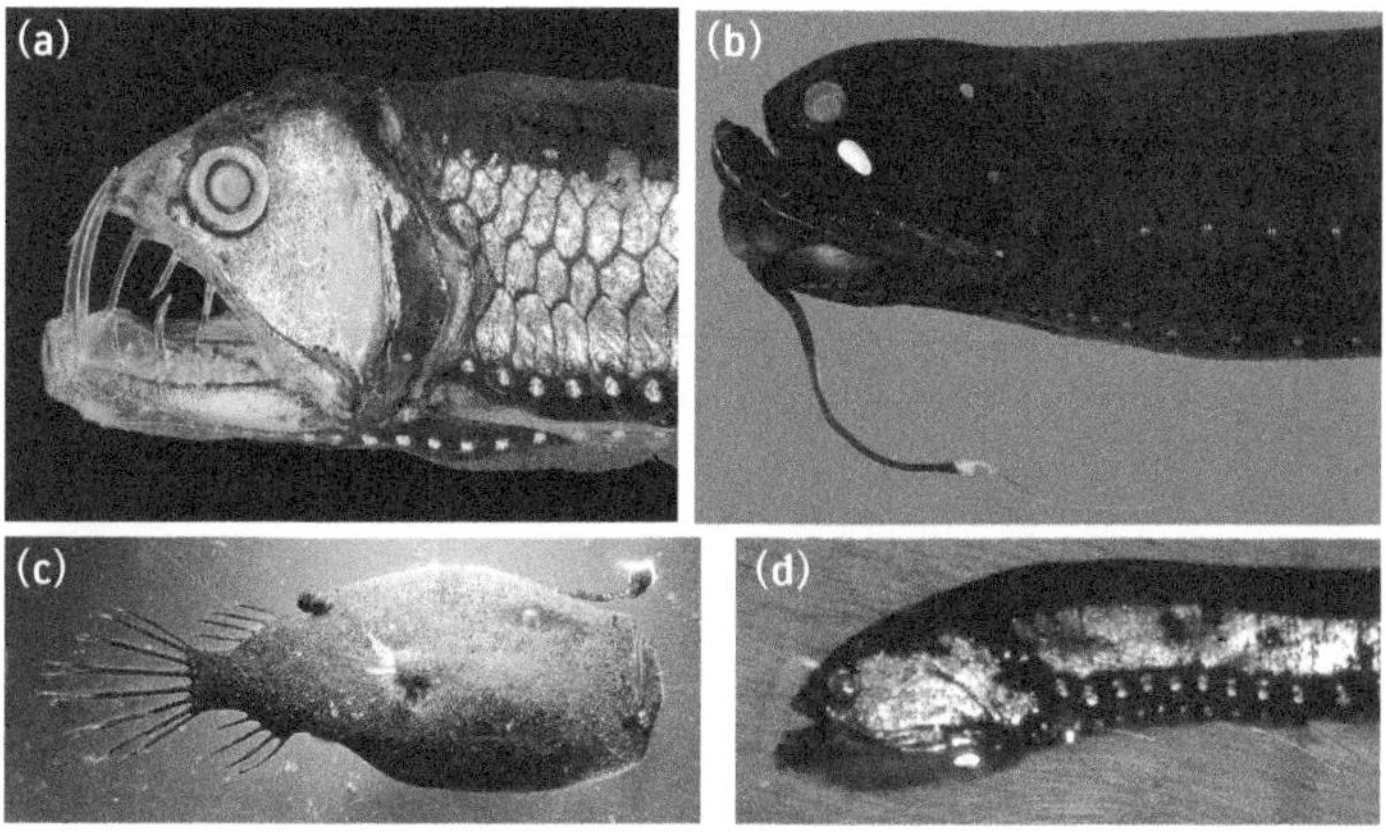

［図8.6］ **強面の深海魚たち**

(a) ホウライエソ。腹側に発光器をもつ。撮影／高見宗広講師（東海大学） (b) ホテイエソ。目の後ろ、腹側、顎の突起の先端に発光器をもつ。撮影／中山直英助教（東海大学） (c) ミツクリエナガチョウチンアンコウ（標本）。頭の上の突起の先端に発光器をもつ。撮影／西川淳教授（東海大学） (d) オオヨコエソ。腹側に発光器をもつ。筆者撮影

［図8.7］ **ヒレナガチョウチンアンコウ（標本）**

©2005 P.J. Herring

物をおびき寄せるためにユサユサ動く突起と、その先にある発光器である（図8・6(c)）。突起の形状や長さは種によりさまざまである。さらに、ヒレナガチョウチンアンコウは体の後部に細長いひれを何本ももち、それをアンテナのように使ってわずかな水圧の変化を感じ取り、小動物の動きをとらえる（**図8・7**）。

チョウチンアンコウ類の姿にはもうひとつきわだった特徴がある。それは、同じ種の生物とは思えないほどの雌雄の大きさの違いである。雄の体は非常に小さく、雌に付着して生きているのだ。チョウチンアンコウの雌雄の結合については、次章でも取り上げる。

目のないエビやカニ

熱水噴出口の写真には、しばしばエビやカニの群がる様子がとらえられている。浅海や淡水のエビやカニと同じような姿に見えるが、よく見ると目がない。わたしたちがよく目にするエビやカニでは、眼窩《がんか》から細い眼柄《がんぺい》が伸び、その先に複眼がついている。他方、熱水噴出口周辺に生息する**ユノハナガニ**では目が退化し、眼柄も眼窩に埋没している（**図8・8**）。また、深海に生息するオハラエビ科の目もほぼ退化しているし、コシオリエビ科は小さい目をもつが、機能しているかどうかは定かでない。

ただし、目はなくても光受容体タンパク質をもつ器官があれば、光を感じることはできる（わ

［図8.8］ **ユノハナガニ**

目がないことに注目。沖縄トラフで撮影。©JAMSTEC

れわれ人間の場合、眼球内部の網膜上に光受容体がある）。たとえば、ツノナシオハラエビは目をもたないが、背上眼《はいじょうがん》という器官で光を感じることが知られている。ただし、感じる光の波長域はかなり狭い。背上眼で最も強く感じている波長は青緑色に相当する５００ナノメートルである。次に強く感じるのは８００〜１０００ナノメートルの赤外線である。なぜ赤外線を感じ取る必要があるのだろうか。深海でそのような光を発しているのは、高温の熱水である。ツノナシオハラエビは鰓に微生物を共生させており、その維持に適切な水温が必要となる。そこで、熱水が発する赤外線を背上眼で感じ取ることにより、共生微生物にとっての適温の場所を探しているというわけだ。

　暗黒の深海では、目をもたない生物も、可視光以外の光を重要なシグナルとして利用している。今も光生物学の研究者は同じような例を探している。

獲物を探して襲う

先ほど、ハンターとしての深海魚の特徴を紹介したが、深海生物にとって餌を得ることはとうぜん重要な課題である。しかし、深海には生物や有機物が少なく、餌を得ることは難しい。そこで、深海生物たちはさまざまな戦略を進化させてきたようだ。具体的に紹介しよう。

多くの深海魚が大きな目をもつのはなぜだろうか。おそらく、生物発光によるわずかな光を手がかりに、餌を探すためである。

いっぽう、退化した小さな目をもつ深海魚や、完全に目のない深海魚もいる。たとえば、最も原始的な脊椎動物であるヌタウナギは、目の痕跡はあるものの機能していない。それでも、数十メートル先の死骸を強力な嗅覚だけで見つけることができる。ちなみに、ヌタウナギには顎《あご》がなく、吸いつくようにして死骸を食べる。

暗黒の深海で餌を探す深海生物の中には、目をもつ一方で、ヌタウナギのように嗅覚が発達しているものも少なくない。深海底に餌とビデオカメラを取り付けたランダー（第4章参照）を設置すると、水深に見合った深海生物が集まってくる様子を観察できる。その多くが嗅覚を頼りに餌を探しているらしい。

水の中での匂いのもとは水溶性の化学物質で、動物の嗅細胞《きゅうさいぼう》の細胞膜にある嗅覚受容体タンパク質に結合すると、その刺激が脳に伝わり、匂いを感じることができる。嗅覚についてよく調べられている深海魚として、クサウオ類があげられる。シンカイクサウオの嗅覚受容体は、水深100メートル前後に棲むクサウオ類のミズドンコと比べると、その種類が43対70と少ない。いっぽう、最近哺乳類で発見された新規の嗅覚受容体であるTAAR（微量アミン関連受容体）の遺伝子は、シンカイクサウオでは22種類とミズドンコの20種類より1割も多い。深海でTAARは従来の嗅覚受容体よりも重要な役割を果たしているらしい。また、使われていない遺伝子の数を比較すると、嗅覚受容体は3倍、TAARは2倍もシンカイクサウオのほうが多い。深海は匂いの種類が少ないのかもしれない。受容体の機能の研究は進んでいないが、クサウオ類の嗅覚の進化は、超深海に特化した機能をつくり出したようである。

餌を待ち伏せる

餌が少ない場所では、無駄なエネルギーを使わずに餌を得たい。エネルギー消費を抑えて餌を待つという戦略をとる深海生物は多く、その待ち方も多様である。いくつか紹介しよう。

イトヒキイワシは、細く長い左右の腹びれと尾びれで海底に立ち、餌を待つ。餌が近くに来たことは、胸びれの上部にある長い糸状の遊離鰭条で感知する。捕食者が少なく、隠れ場所も少ない深海ならではの待ち伏せである。

ただ待つだけでなく、おびき寄せるタイプは、前出のチョウチンアンコウ類である。頭の上に長く伸びた1本の突起の先の発光器を上手に揺らし、魚を口の近くまでおびき寄せると、大きな口を素早く開けて食べる。

降ってくる餌（マリンスノー、第7章と本章のコラム参照）を待つタイプもいる。マリンスノーは、プランクトンや微生物の死骸、生物の排泄物や死骸の分解物、生物が出す粘液などが絡み合ったもので、微生物により分解されつつ沈みながら浮遊生物や遊泳生物の餌となる。マリンスノーを食べた生物の糞や死骸もまた、新たなマリンスノーの材料となり、途中で尽きなければ、やがて深海底に積もっていく。

深海底でマリンスノーを待ち受ける代表は、濾過《ろか》食の底生生物、ナマコである。ナマコは口のまわりの触手を使い、かき取るように堆積物と海水を口に入れ、有機物だけを濾《こ》し取る。堆積物さえあれば生きられるので、超深海の底にナマコがいても不思議はないが、どのように分布を広げたのかはわかっていない。

降ってくる餌はマリンスノーだけではない。陸上から海に流された植物の一部が、深海まで降ってくることがある。そして、植物の細胞壁などを構成するセルロースという炭水化物を、深海で利用している動物がいるらしい。

一般に、動物はセルロースを分解する酵素をもたないが、草食動物は消化管内にいる共生微生物に分解してもらって栄養を受け取っている。木材を食べてしまうことで知られるシロアリも、じつは腸内細菌にセルロースを分解してもらい、その際に出たエネルギーを使って腸内細菌が生成した糖を受け取っている。この腸内細菌がセルロースを分解するのに使っているのが、セルラーゼという酵素である。

じつは、チャレンジャー海淵の1万メートル以深で採取されたカイコウオオソコエビから、セルラーゼが発見されている。共生微生物ではなく動物自身がセルラーゼをもつ、非常にまれな例である。食糧の乏しい深海という環境で、栄養摂取の選択を広げるセルラーゼの獲得という進化が起こったのだろう。しかし、深海底にセルロースがどのくらいあるのだろうか。セルラーゼ利用法の謎はまだ残っている。

共生者から餌をもらう

前節で、共生者である腸内細菌にセルロースを分解させて糖を得るシロアリを紹介した。シロアリと同じように、体内に共生する微生物から栄養を供給してもらっている動物は、深海にもいる。すでに、第6章以降で何度も登場しているので、勘のいい読者ならお気づきだろう。

餌を食べずに栄養だけをもらうのは、化学合成微生物が共生している生物である。ハオリムシは、前述したように口も消化管もなく、栄養体に共生している化学合成微生物が産生するエネル

［図8.9］ゴエモンコシオリエビ（*Shinkaia crosnieri*）
沖縄近海の伊平屋海嶺で撮影。©JAMSTEC

ギーを使って、自分で有機物を生成したり、共生微生物から直接有機物を餌としてもらっているのだろうか。有機物をどのようにしてもらっているのだろうか。その方法として、大きく2通りが考えられる——共生微生物が分泌した有機物を摂取しているか、共生微生物を消化して有機物を摂取しているか、だ。じつは、どちらが正解かはよくわかっていない。

熱水噴出口の周辺に生息する**ゴエモンコシオリエビ**（図8・9）も、共生微生物のつくる有機物に頼っている。ゴエモンコシオリエビの腹側にはびっしりと毛が生えているが、じつはその毛の表面が微生物の棲みかである。自分のハサミを使って、毛の上で増えた無数の共生微生物をはがして食べているのだ。なお、共生微生物を養い増やすためには、熱水噴出口から出る還元物質と生息に適した温度が必要なため、いつも熱水噴出口に近い場所にいる。

30年以上も食い尽くせない餌——クジラの死骸

深海生物の餌として有名なものを、もうひとつ紹介したい。クジラの死骸だ。

クジラ類は言うまでもなく大型の動物である。しかも恒温動物なので、体温維持のために脂肪を豊富に蓄えている。そして、死骸が分解されはじめてから消失するまでの期間がとてつもなく長い。1992年の「しんかい6500」の潜航で鳥島沖の水深4037メートルの海底に発見された**鯨骨**（**図8・10**）は、そのときすでに死後20年経つと推定されたが、そこには数匹のコシオリエビがいた。30年経っても食い尽くすことのできない餌など、めったにお目にかかれるものではないだろう。しんかい6500は2006年にも、ブラジル沖の水深4204メートルで鯨骨を発見し——大西洋では初めての発見だった——、そこに集うコシオリエビやホネクイハナムシなどを採取した。

クジラの死骸はなぜ、ごちそうなのだろうか。クジラの死骸が海底に鎮座してから消失するまでに、そこに集まる生物群集には、利用段階ごとに4種類のグループがあると、JAMSTECの藤原義弘上席研究員は分類している。時系列順にざっと見ておこう（**図8・11**）。

まず「腐肉食期」には、サメやヌタウナギなどが集まり、脂肪や筋肉、内臓などをあらかた食

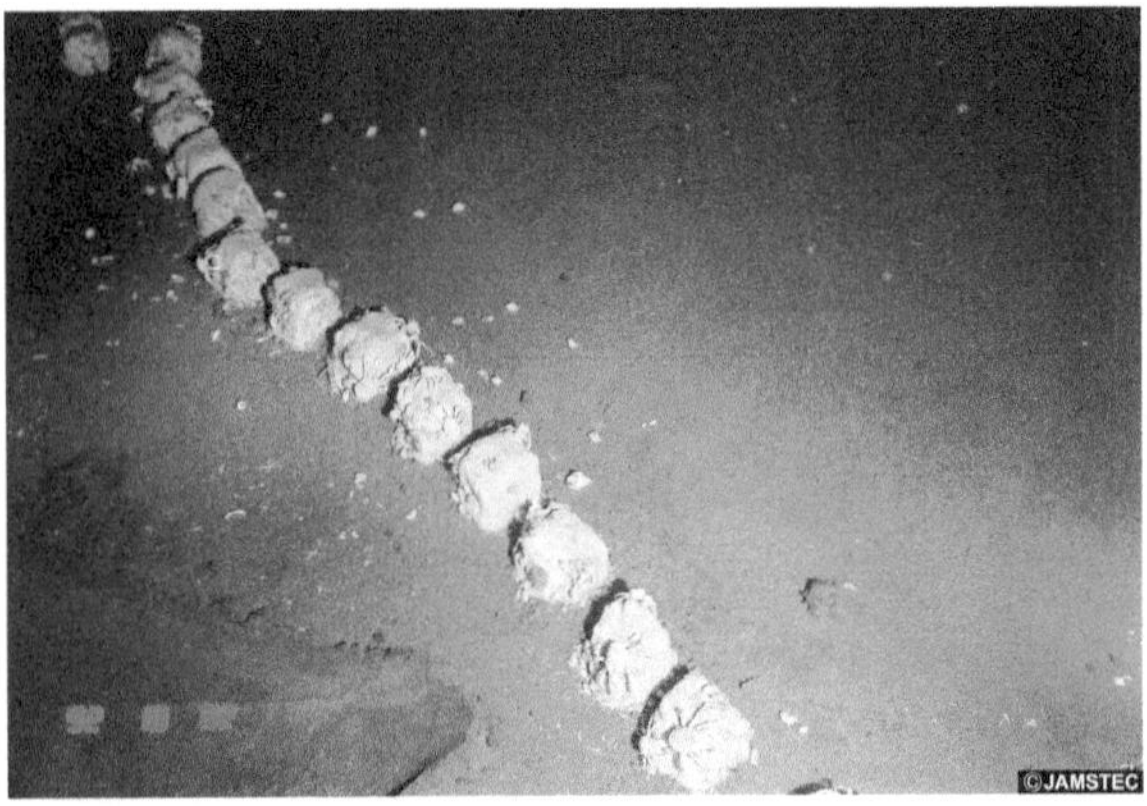

[図8.10] **鯨骨**

伊豆・小笠原海溝、鳥島海山の深さ4,037 mの海底に横たわる鯨骨。コシオリエビが見える。1992年撮影。©JAMSTEC

べ終わる。次の「骨浸食期」は、鯨骨だけに見えるが、脂肪などの有機物が残っている。それを直接食べたり、その有機物を分解している微生物を食べたりするヨコエビ、エビ、ゴカイなどが集まる。ホネクイハナムシも現れる。第3段階は「化学合成期」である。鯨骨を分解する微生物が硫化水素を発生しはじめ、それを利用する化学合成微生物が共生している生物（イガイ類やシロウリガイ類など）が集まってくる。この段階は、長期にわたる鯨骨の分解過程に特有の生態系が形成されるので、**鯨骨生物群集**と呼ばれる。最後は「懸濁物食期」で、骨に含まれる有機物がすべて使われ、残骸となる。

腐肉食期の腐敗臭（硫化水素やアンモニアなど）は強烈なので、嗅覚が発達した生物を引き寄せる。前述の目が退化したヌタウナギも、この段階でやってくる。ヌタウナギのように泳げ

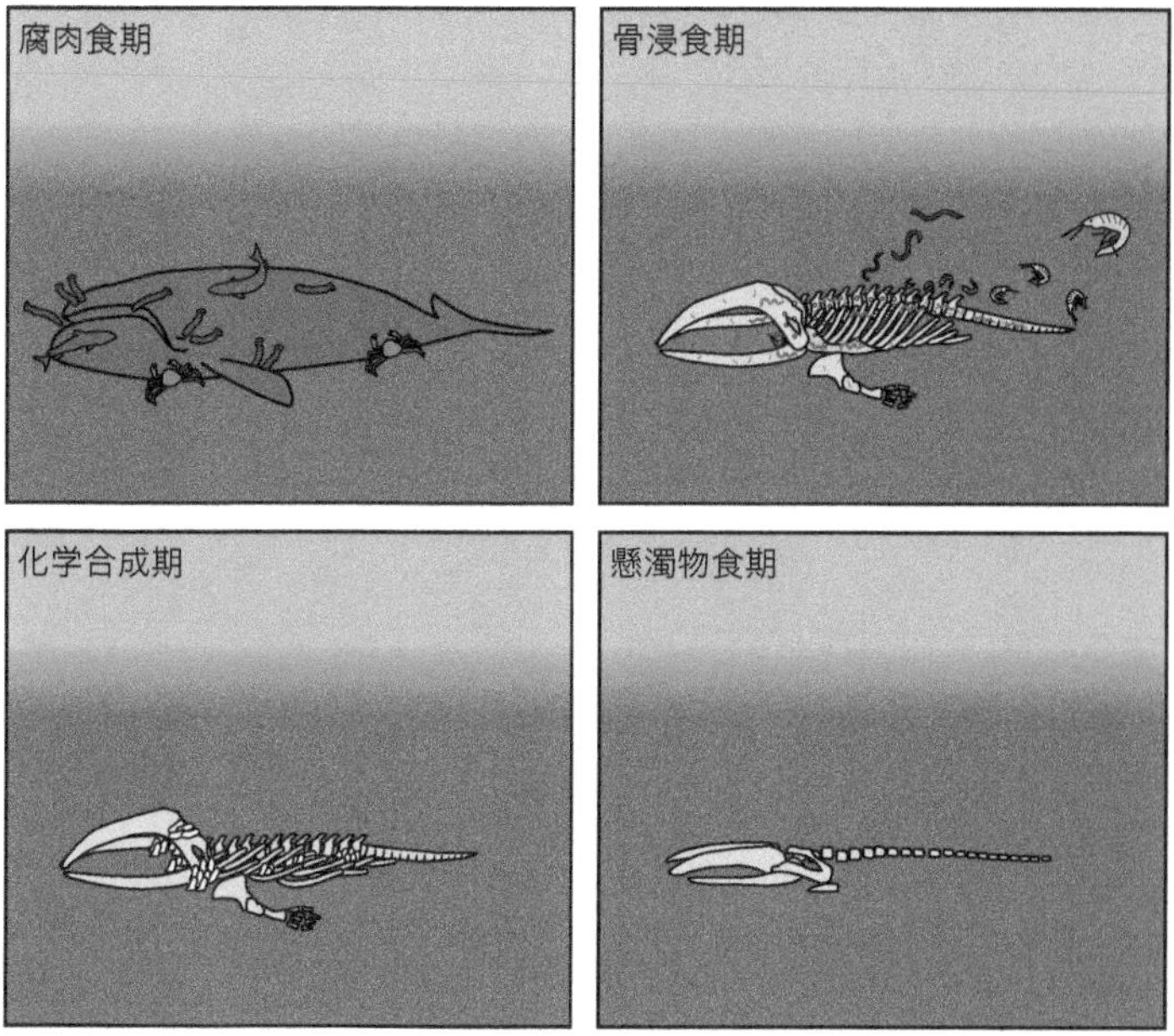

［図8.11］ **クジラの死骸に形成される生物群集の変遷**

クジラの死骸は大きくタンパク質や脂肪に富む深海のごちそうである。その利用段階は4つに分けられ、段階ごとにことなる生物が集まる。第1段階は、筋肉や内臓を食べる動物（サメやヌタウナギなど）が群れる「腐肉食期」。次は、骨の栄養が利用される「骨浸食期」で、ヨコエビやゴカイ、ホネクイハナムシなどが現れる。有機物がほぼなくなると、硫化水素を利用する微生物が登場する「化学合成期」となる。イガイ類やシロウリガイ類に代表される、化学合成微生物を共生させる生物が集まる。最後の「懸濁物食期」には、鯨骨に依存する生き物がいなくなる。

る生物は長距離の移動も可能だが、貝類や小さなホネクイハナムシなどはどうやって鯨骨を見つけ、そこに棲みつくのだろうか。詳細は次章に譲るが、それらの生物がプランクトン幼生のときに、偶然に、またはなんらかのシグナルを頼りに鯨骨に到達し、成長し、繁殖し、継代すると考えられている。

深海魚が生きられるのは深さ8200メートルまで？

フルデプスミニランダー（超深海用小型自動浮上式の観測機器。第4章参照）につけられた餌に向かってシンカイクサウオが気持ちよさそうに泳いでくる様子が、2017年に日本の研究グループによってとらえられたのは、マリアナ海溝の深さ8178メートルである。深海魚はどのようにして水圧に抗っているのだろうか？　人類の叡智を結集した潜水船でさえ、8000メートル以深の高い水圧に耐えるのは至難の業だというのに。

浮袋は魚の浮沈を調節する器官で、ないと沈んでしまう。しかし、高い水圧がかかると浮袋は潰れてしまうので、深海では役に立たない。それに、高圧下では浮袋を膨らませることもできないので、深海魚に浮袋がないことは納得できる。しかしそれだけでは、深海魚が高い水圧で潰れない理由にはならない。高い水圧というハードルを越えて生きるしくみは何だろうか。その前に、なぜ深海以外の海洋生物は、高い水圧下では生きられないのか。

高圧による生命の危機は、第一に、細胞が潰れることによる生理機能の低下が原因である。高い水圧にさらされると、細胞液が細胞の外に出てしまう、あるいは細胞が硬くなり、細胞膜の機能が低下する。この細胞膜の機能とは、栄養塩を細胞内に取り入れ、老廃物を排出するしくみであり、生理機能の維持に必要なカルシウムやカリウムなどの無機イオンの出入りを司ることである。

もう少しくわしく見てみよう。細胞膜の構造は、脂質が内側と外側に規則正しく並ぶ二重層であり、そのところどころに細胞の内と外の物質の出入りを調節する特別なタンパク質の構造体がある。圧力が加わると、細胞膜を構成する脂質の並びが崩れ、間にあるタンパク質に影響して生理機能が調節できなくなる。さらに高圧がかかると、タンパク質自体の立体構造が乱れ、機能が失われる。深海魚はこれらの影響を阻止するしくみをもつわけだが、その詳細はまだよくわかってない。

とはいえ、深海魚が生息できる深さには限界もありそうだ。その限界の深さは、8200メートル付近であるとされている。実際、4000メートル以深にはサメがおらず、8200メートル以深では魚類の確かな観察例がない（前述のように、ピカールとウォルシュがマリアナ海溝の底で目撃した生物は、魚類ではなかったとされている）。しかも、6000メートル以深では2種類の魚——クサウオ科とアシロ科——しか観察されていない。

いかにして圧力に抗うか？

深海魚が圧力に耐えるしくみは、この限界の深さ（８２００メートル）までしか効かない何かだと考えられる。しくみのひとつは、前述した細胞膜の脂質の性質にみられる。深海生物は細胞膜の脂質の不飽和率が高いために脂質の流動性が高く、脂質を整列させて膜構造を維持することができる。さらに圧力を敏感に感じるセンサーをもっていて、圧力に応じて脂質を整列させる指令が出されることがわかってきた。

もうひとつは、タンパク質の立体構造が壊れないようにするしくみである。そのしくみは、酵素のはたらきから調べられている。酵素はタンパク質を成分とし、その立体構造ではたらきが決まる。立体構造が変形したり壊れたりすると、機能しなくなる。立体構造をどのように維持しているのだろうか。

その答えのひとつは、ＴＭＡＯ（トリメチルアミン－Ｎ－オキシド）の存在である。聞きなれない物質名かもしれないが、魚が腐るときの生臭さはＴＭＡＯの分解物が原因のひとつであり、意外と身近な存在だ。ＴＭＡＯの役目は、タンパク質安定装置である。ＴＭＡＯがないと、水分子がタンパク質の中にむりやり入ろうとして、タンパク質の立体構造を壊してしまう。しかし、ＴＭＡＯがタンパク質のまわりにあれば、水分子はタンパク質の立体構造の隙間を通ることがで

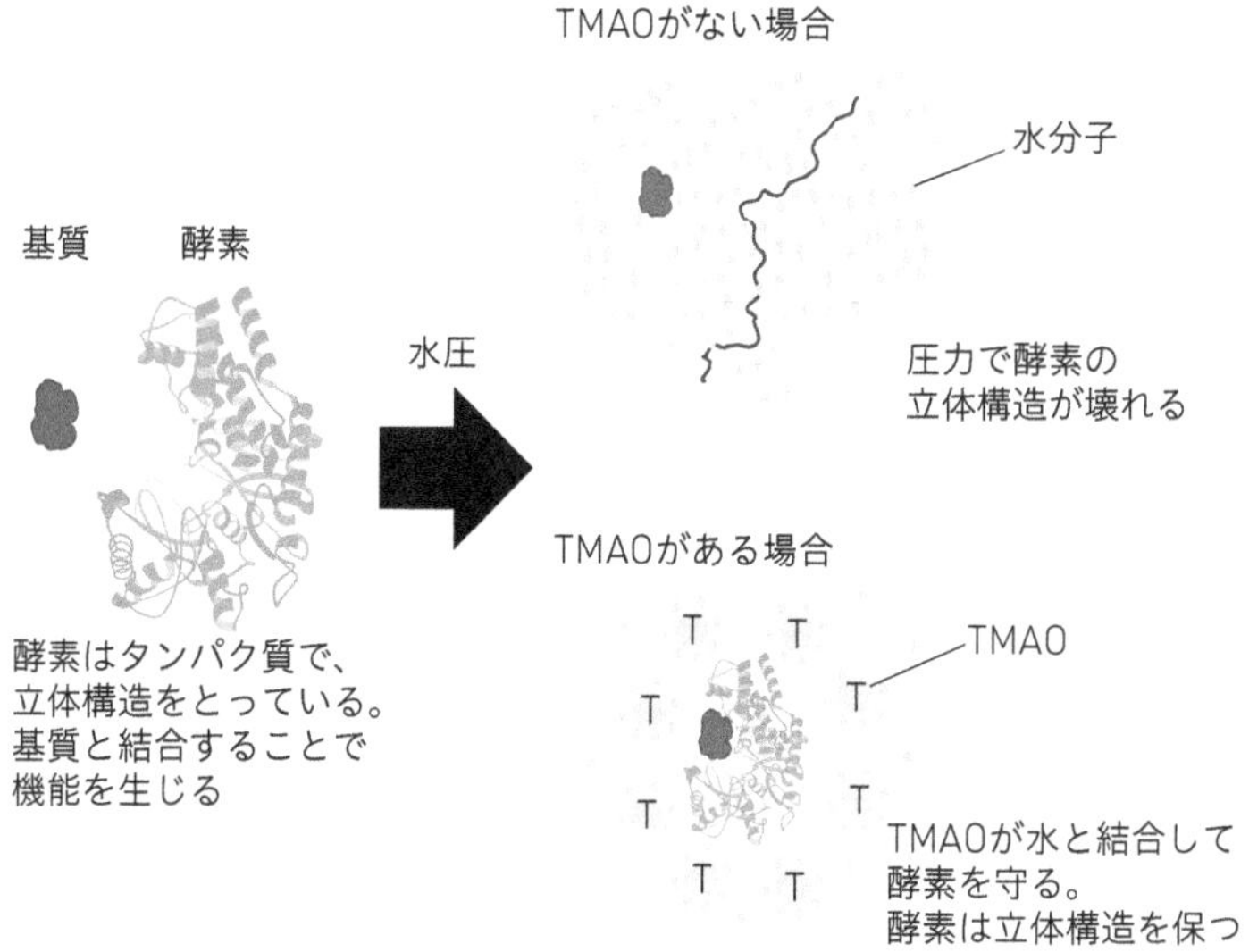
TMAOがない場合
水分子
基質
酵素
水圧
圧力で酵素の
立体構造が壊れる
TMAOがある場合
TMAO
酵素はタンパク質で、
立体構造をとっている。
基質と結合することで
機能を生じる
TMAOが水と結合して
酵素を守る。
酵素は立体構造を保つ

［図8.12］ **TMAOのはたらき**

きなくなり、タンパク質の機能は損なわれない（**図8・12**）。圧力が増加すると、肝臓でTMAOの合成が高まり、全身の細胞の中にもTMAOが増えていく。

ヤンシーらにより、深海魚は体液中のTMAO濃度が高いこと、さらに、実験で深海魚の筋肉に圧力を加えると、筋肉中（体液中）のTMAOが圧力に比例して増加することがわかった。次に、どのくらいの圧力（深さ）まで体液中のTMAO濃度が増加できるのかを計算した。すると、深さ8200メートルが限界であった。これは、体液の浸透圧と海水の浸透圧が等しくなったためである。それ以上の水深では、TMAOの効果が追いつかないので浸透圧が崩れ、タンパク質の機能も損なわれる。だから、深海魚の生息域は８２００メートルが最深なのである。

魚以外の動物はどのような圧力調節をしているのだろうか。８２００メートル以深では、カイコウオオソコエビやナマコなどの無脊椎動物が生息している。無脊椎動物の体液は浅海であっても深海であっても、海水と等浸透圧であるが、水圧でタンパク質が壊されないように構造を安定化させる必要がある。無脊椎動物はＴＭＡＯをつくらないので、別の浸透圧調節物質が候補になっている。その代表は、シロイノシトール（*scyllo*-inositol）である。深海魚のＴＭＡＯと同様にタンパク質の変性を防いで安定化させ、圧力耐性をもたらす物質だ。ナマコなどの棘皮動物、巻貝、ゴカイなどがシロイノシトールをもつこともわかっている。なお、超深海の魚の場合はＴＭＡＯと同時にシロイノシトールも必要とする、という研究もある。

輝ける闇

この章で何度か述べてきたが、大きな目をもつ深海魚は少なくない。暗黒の世界で、大きな目をもつ意味などあるのだろうか？　陸上に目を向けると、洞窟に生息する魚類の一部や土中に棲むモグラなどでは目が退化している。太陽光が届かない深海に生きる魚たちも目を退化させていてもよさそうなものだが、じつは深海にも光はある。それは、生物が生体物質の化学反応によってつくり出す光である。

1991～2006年の15年間にわたり、モントレー水族館研究所のセブリーヌ・マルティーニ(Séverine Martini)博士とスティーブン・ハドック(Steven Haddock)博士らは、モントレー湾とカリフォルニア沖で水面から3900メートルの深海までをビデオ撮影した。そこには、魚類が37万回、底生生物が15万回撮影されていた。発光は13分類群に見られ、その中には、魚類、クラゲ、イカ、タコ、サルパ、ホヤ、ゴカイ、エビ、イソギンチャクなどの生物が含まれる。発光する浅海の生物としてよく知られているのは、下村脩博士（1928―2018）のノーベル賞受賞で有名になったオワンクラゲ（発光の研究の過程で緑色蛍光タンパク質GFP〈Green Fluorescent Protein〉が見つかった）、漁網を光らせるホタルイカ、海に光る道をつくる夜光虫などで、数は少なくない。しかし、深海の魚類ではそれどころではない。水深500～3900メートルで観察された個体の90％が発光する能力をもっていた。このことから、発光能力が深海魚の生存に重要であると考えられる。多くの深海魚が発する光の波長は青と緑の付近であるが、紫外線や赤外線に近い光を出す生物もいて、利用する光が浅海の生物より多様であることも深海生物の特徴と言える。

深海生物の発光のしくみは大きく2通りに分けられる。ひとつは、自ら化学的発光のしくみを備えている場合で、200メートル以深の深海生物の80％がこの能力をもっている。もうひとつは、発光する微生物を体内に共生させている場合である。同一個体が両方の発光方法を備えてい

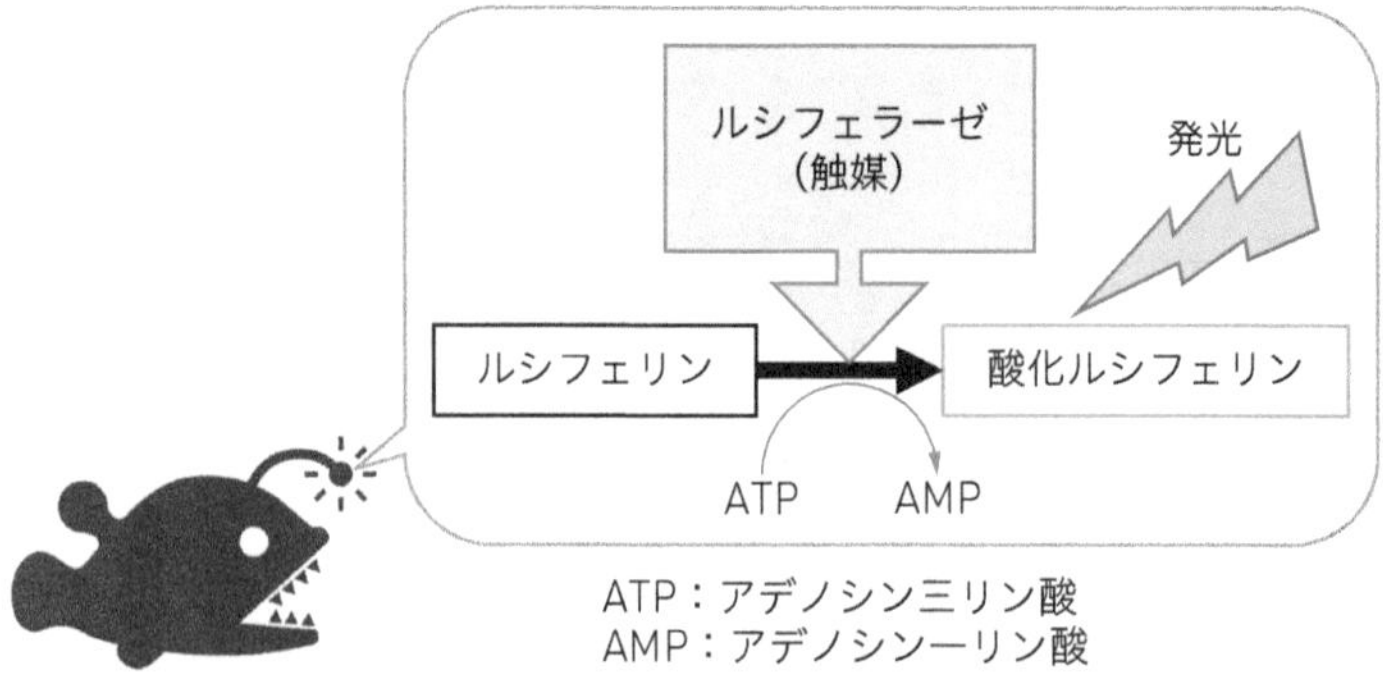

［図8.13］ **生物発光のしくみ**

る場合もある。

動物自身か共生微生物かによらず、生物発光の多くは、ルシフェラーゼという酵素が触媒するルシフェリンの酸化反応に伴う（図8・13）。このような化学反応による発光は動物界に広く見られる。ルシフェリンもルシフェラーゼも、生物によって構造がいくらか異なる。海洋生物のルシフェリンは、発光する微生物が利用するものを含めて10種類の構造が明らかになっているが、調べられていない生物のほうが多いので、もっと多様であるに違いない。生物発光の波長は、海洋生物では青と緑に集中し、さらに深海生物では、波長が短い濃い青に偏っている。前述のとおり、赤外線に近い赤色の生物発光もあるが、これは、赤色の光を感じない獲物に近づくためと考えられている。

なぜ光るのか？　何が光るのか？

なぜ深海で発光が必要なのだろうか。発する光の波長、発光器のつき方、共生発光微生物の有無、ルシフェラーゼの種類など、深海生物の発光に関しては多様性がありすぎるくらいである。それだけ、発光の役割もさまざまである。

深海生物の発光の目的は、大きく次の3つに分けられる。

①捕食者から身を隠したり逃げたりする。
②餌を探したりおびきよせたりする。
③同種他個体とコミュニケーションをとる。

目的①は、タコやイカが吐き出すスミと似ているが、深海では明るい煙幕のほうが目くらましになる。ヒオドシエビは、襲われそうになると、青く光る粘液を出して光の中に自分の姿を隠す。ハダカイワシ類は、深海魚の中では比較的浅い海で採集できるため、よく観察されている（図8・1参照）。その腹部と側部に多数の発光器をもつが、発光器のつき方は種によって異なり、少なくとも5種類が知られている。ハダカイワシ類の発光器は、1億～7300万年前の後期白

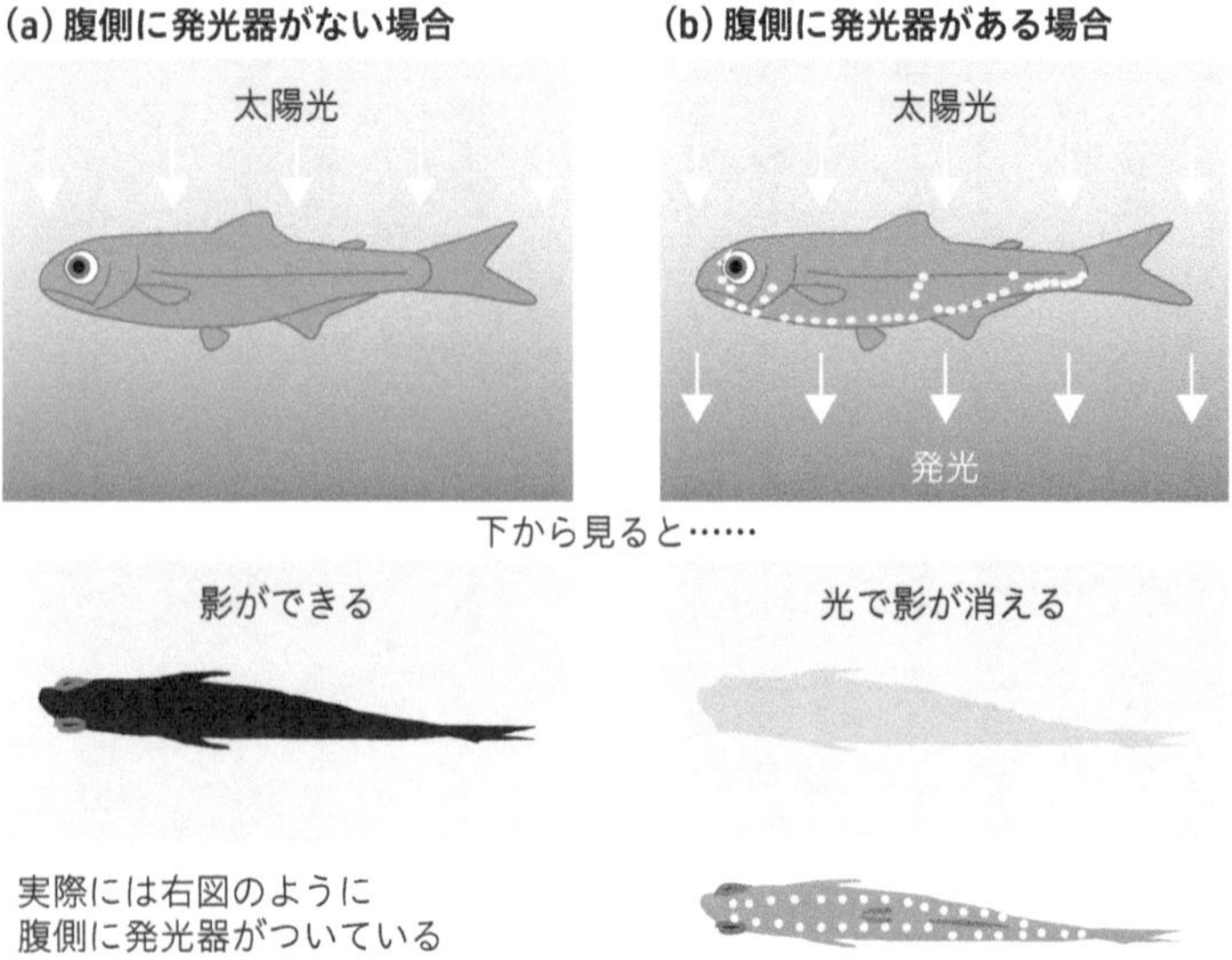

［図8.14］ **ハダカイワシ類の発光器の役割**

ハダカイワシ類は腹側に多数の発光器をもつ。その光によって、下（深いところ）にいる捕食者からは見つかりにくい

亜紀に生きていた祖先に端を発する。ハダカイワシの祖先は背側に発光器をもっていた。それが腹側に移動するにともない、種の分化も進んだと考えられる。背側の発光は上からの捕食者、腹側は下からの捕食者に対して体を隠す効果があるので、発光器のつき方は生息場所（深さ）の違いに対応しているのかもしれない（図8・14）。そうだとすると、発光器の移動が浅海から深海への移行の歴史を示している可能性がある。ハダカイワシ類の発光には目的③もあり、発光器の分布パターンの違いは、同種と異種の認識にも利用されていると考えられる。

深海のコウモリダコは、私たちが知る生物分類の八腕形のタコとは別に分類される。4対8本の腕のほかに、紐のように細くて長い触手を2本もち、これで餌のマリンスノーなどを絡めて食べる。発光器を腕の先端と腕の間にある膜の根元にもつ。ここから出す光で捕食者を驚かし、次に光を弱めて逃げたように見せかける。しかも極度に驚かされたときには、浅海のタコが墨を吐くように、蛍光を発する粘液を放出する。光による目くらましの方法を2種類ももつのだ。コウモリダコは原始的な頭足類であり、発光器の起源も古い。深海の生物発光も古くから存在していたのではないか。

目的②のために光を使う深海生物は、餌の少ない深海ではとくに目立つ。チョウチンアンコウ類の頭部から伸びる突起の先の発光器は釣り具のルアーと同じ役目をもつ。光の下に大きな口と歯が待ち受けていることに、獲物は気がつかない。チョウチンアンコウ類の発光器内部には発光微生物（細菌）が詰まっていて、その発光を利用して餌をおびき寄せる。ヒカリジュウモンジダコの場合は吸盤に発光器をもち、餌のプランクトンをおびき寄せるために用いる。また光量や点滅を調節していることから、同種他個体とのコミュニケーション（目的③）にも利用している可能性がある。

ワニトカゲギス目はドラゴンフィッシュとも呼ばれ、ヨコエソやムネエソやホウライエソなど、黒い体、大きな目と鋭く大きな歯、そして腹側に発光器をもつ多くの深海魚が属している。ワニトカゲギス目の発光は共生微生物ではなく自身によるもので、捕食者への対抗（目的①）である。

いっぽう、この魚種の中には、目の下に発光微生物が共生する発光組織をもつ種がいる（図8・6(b)参照）。さらに、2種類の発光微生物が共存し、青い光は餌を探すために、赤い光は獲物から姿を隠すために利用されると考えられる。目的②である。ワニトカゲギス目の発光微生物の発光のしくみも、そのほとんどがルシフェリン-ルシフェラーゼ系であることがわかっており、発光微生物の中には、そのルシフェリンの構造が明らかになっているものもある。

Column

わが国から世界に広まった学術用語「マリンスノー」

海は、研究者だけでなく、一般の人々をも強く惹きつける神秘性に満ちている。たとえば、海に降る雪――マリンスノーなどどうだろう。いかにも純真無垢を感じさせる語感から、美しく、ロマンチックなイメージをもつ人は多いはずだ。

ところで、マリンスノーという言葉は、れっきとした学術用語でもある。そしてこの用語を初めて論文で使用したのは英語圏の研究者ではなく、わが国の海洋学者であることをご存じだろうか。

戦後まだ日の浅い1951年のこと、わが国初の研究用潜水船「くろしお号」が、北海道大学によって建造された。母船から鋼索で吊り下げるバチスフェア方式であったが、外径約1・5

メートルの耐圧殻内に2名乗船でき、最大深度200メートルまで潜航して海中を観察することができた。

翌年、この「くろしお号」を用いて日本周辺海域（津軽海峡、陸奥湾、および鹿児島湾）の潜航調査を行った加藤健司（当時北海道大学水産学部助教授、その後、山梨大学工学部教授、1921─没年不詳）は、「くろしお号」の耐圧窓から肉眼でとらえた海中の景色に強く魅了された。ライトに照らされた暗い海の中を、小さな粒子が、あとからあとから降下してくる。それはあたかも、ぼたん雪が降りしきっているかのようだった。

加藤は、上司の鈴木昇教授と相談のうえ、この沈降粒子に「マリンスノー（Marine Snow）」の名前をつけた。そして海水から集めたマリンスノー粒子の顕微鏡写真を示しながら、それらが明らかに生物由来の有機物粒子であることを述べた画期的論文を、北海道大学水産学部彙報に英語で掲載した（Suzuki and Kato, 1953）。それまでも、海の雪とかマリンスノーという言葉を口にした研究者はいたかもしれないが、論文としての公表はこれが最初だった。

この論文はやがて海外の研究者の注目するところとなり、Marine Snowは国際的な学術用語となって世界に広まっていった。加藤自身は事情によりマリンスノー研究を継続できなかったが、現在までに、Marine Snowをタイトルに含む学術論文の数は、世界中で200を超えている。

晩年の加藤は、「スクリップス海洋研究所（米国カリフォルニア大学）の研究者達によるマリンスノーの題目のついた論文を目にしたとき、ああやっと日の目を見たかと感激したことを思い

[図8.15] **セジメントトラップの揚収**
筆者撮影

出す」と回顧している。

　マリンスノーの研究が進むにつれ、それが深海生物にとって重要な食物（エネルギー源）となるだけでなく、さまざまな海中の化学物質を吸着して下向きに輸送する〝運び屋〟の役割を担うことが明らかになった。つまり海洋の物質循環を支配する主役のひとりに躍り出たのである。1980年代に入ると、セジメントトラップ（沈降粒子捕集装置、図8・15）を長期間海中に係留する観測研究がさかんに行われるようになり、マリンスノーの採取と、その実態解明が精力的に進められた。わが国でも、この装置を用いた先進的な研究成果が数多く生み出され、その研究対象は海溝内にもおよんでいる（第7章参照）。

　陸上の人間が、夢とロマンに結びつけるマリンスノーの実体が、じつは生物の死骸や糞粒である、というのはいささか興ざめかもしれないが、深海や超深海の生物にとって、マリンスノーはまさに貴重な「命の綱」の役割を果たしている。

第9章

深海で出会う——パートナーとわが家

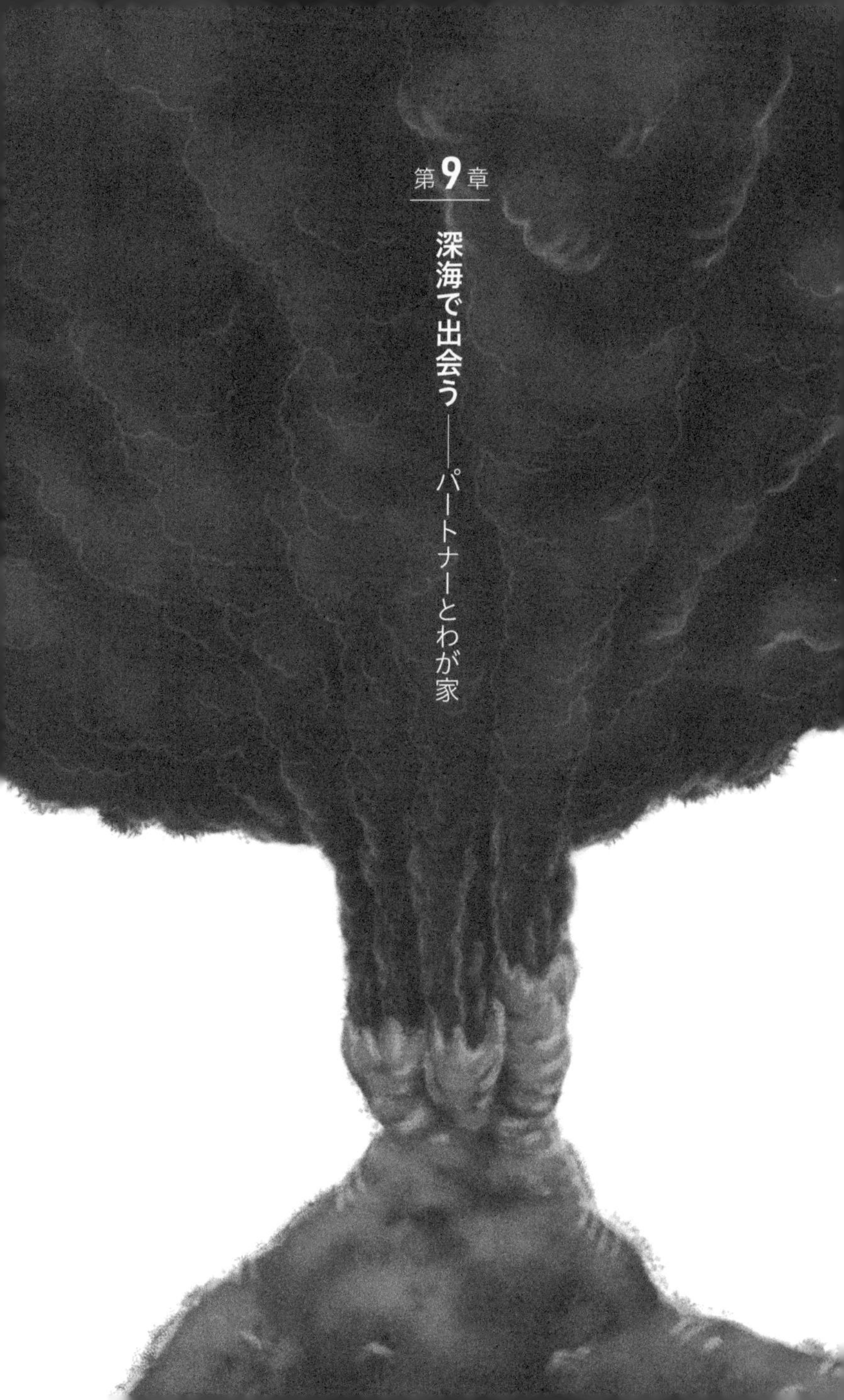

前章では、深海生物の多様性——姿形だけでなく、行動や生理機能まで——を確認した。十分に彼らの不思議さを実感されたと思うが、もう少し違う面から深海での生活を考えてみたい。深海生物たちの〝世代を越えた営み〟である。子をつくり、その子が居場所を見つけて、共生や繁殖のパートナーと出会う。そのような営みがずっと続いてきたからこそ、深海には多様な生物がいる。彼らはどうやって子孫を残しているのだろうか？　その子孫はどうやって親から離れてわが家を見つけるのだろうか。本章では、深海生物の世代交代に関する謎をまとめておこう。

異性との遭遇

前章で、発光による同種他個体とのコミュニケーションに言及した。そのようなコミュニケーションが必要になる場面といえば、まず何よりも（有性）生殖が思い浮かぶ。有性生殖を行う生物の場合、子孫を残すために雄と雌がペアをつくる必要があるのは、深海でも同様である。

深海生物も、生殖の相手を見つけるためにあの手この手を使う。熱水噴出口のように生物が高密度に分布する特殊な場所を除くと、同種の異性を見つけることは、深海生物にとってきわめて難しい。そこで、〝出会い〟のための特別なしくみを編み出した深海生物もいるが、そのしくみが解明されているのはわずかな種だけである。

前章にも登場したチョウチンアンコウ類は、雌雄の体格差が非常に大きく、大きな雌の体に小さな雄が結合する。一度結合してしまえば、雌も雄も交尾相手を探す必要がない。雌からは雄を惹きつける匂いが出ていると言われ、それをたどって雌に遭遇した雄は、そのときを逃さず雌に噛みつく。種によっては、結合後の雌と雄は血管がつながり、雄は血管を通して雌から栄養や酸素をもらうようになる。そうなると、雄は鰓も消化器も不要になり、寄生体と化す。しかし、不思議なことに、雄も幼生のあいだは雌と同じ形をしている。どのような体のしくみが雌雄の劇的な形態の差を生じさせるのかは、いまだ解明されていない。

鯨骨に生息するホネクイハナムシでは、雌雄の体格差がさらに極端である。ホネクイハナムシの棲管は薄い膜状で、その周囲を粘膜が被い、その中には卵や胚や幼生が入っている。驚くことに、そこには顕微鏡サイズの雄も入っているのだ。栄養源となる鯨骨が風化して消滅するまで長い時間がかかるとはいえ、限られた時間内に世代を重ねるには効率のよい究極の〝出会い方〟といえる。

産卵のきっかけ

生殖の次のイベントといえば、産卵であろう。体外受精のためには水中で精子と卵が出会う必要があり、放精と放卵を同時に起こすためなんらかの合図がほしい。浅海の生物では、産卵の合図となる環境の変化がいくつも特定されている。具体例をあげれば、月齢、日没や日の出、潮汐、水温変化、嵐、水の流れの向き、餌の量などである。複数の要因が組み合わさって合図となる場合もある。しかし、深海生物は観察の機会の少なさや飼育の難しさから、産卵のきっかけやタイミングについてわかっていることは少ない。それでも、いくつかの報告・研究がある。潜水船「しんかい2000」の1995年の調査航海で、静岡県熱海市東方の相模灘に位置する初島沖に群生しているシロウリガイの一斉産卵が、偶然に目撃された。採取したシロウリガイが船上で産卵したこともある。何が産卵を引き起こしたのだろうか。

初島沖の長期ステーションという、観測装置が設置されている特別な場所のそばにあったシロウリガイのコロニーで、観測の回数は限られるが20年以上にわたる観察に成功した。そして、産卵のきっかけがわずかな水温上昇であることがわかった。また、深海に生息するシロウリガイを研究室の水槽中でもストレスを与えずに飼育できるようになり、人工産卵の試みがなされている。JAMSTECの生田哲朗博士らは、ホタテガイなどの貝類で産卵を起こすために使われているホルモンの一種であるセロトニンを投与する実験をおこない、産卵の誘導に成功した。

以上の観察・実験はまれな例である。浅海での産卵のきっかけが、潮汐、月齢、水温などのつねに変化する環境要因であるのに対して、深海の環境はほぼ安定しているために要因を見つけることは難しい。候補となる要因の影響を確認する実験も困難である。しかし、シロウリガイにおいて、わずかな環境変化が産卵を引き起こしたことは、ほかの深海生物でもささいな環境変化が産卵を誘発する可能性を示している。

共生微生物をいつどこで獲得するのか？

世代交代に伴う謎として、共生微生物の由来についても考えてみたい。シロウリガイのように体内に微生物を共生させている生物は、いつ、どこから共生微生物をもらうのだろうか。そのプロセスは、大きく**垂直伝播**と**水平伝播**に分けられる（**図9・1**）。

垂直伝播は親から子に伝わるプロセスで、微生物が卵細胞の内部に入るか表面に付着することで起こる。シロウリガイでは、卵細胞の中と表面だけでなく、それを囲む細胞（濾胞細胞）の中にも共生微生物が観察されている。ここから卵細胞に感染すると考えられる。しかし、個体発生における細胞分裂や組織分化の過程で共生微生物はどこに伝播していくのか、幼生から成体になる変態の過程ではどのような挙動をするのかなど、わかっていないことは多い。

水平伝播は、胚の発生の途中で、環境中から共生微生物が感染するプロセスである。環境伝播とも呼ばれる。ハオリムシやイガイ類がこの方法で共生微生物を得ているとされるが、どのタイミングで感染するのか、共生微生物は環境中のどこにいて、どうやって感染先を見つけるのかなど、不明な点は多い。比較的理解が進んでいる例として、ホネクイハナムシがあげられる。ホネクイハナムシの胚は粘液で保護されているため、その中で感染すればよいと考えられる。そこまで保護されなくても、早い胚の時期に感染すれば、共生微生物をもったまま発生することができ

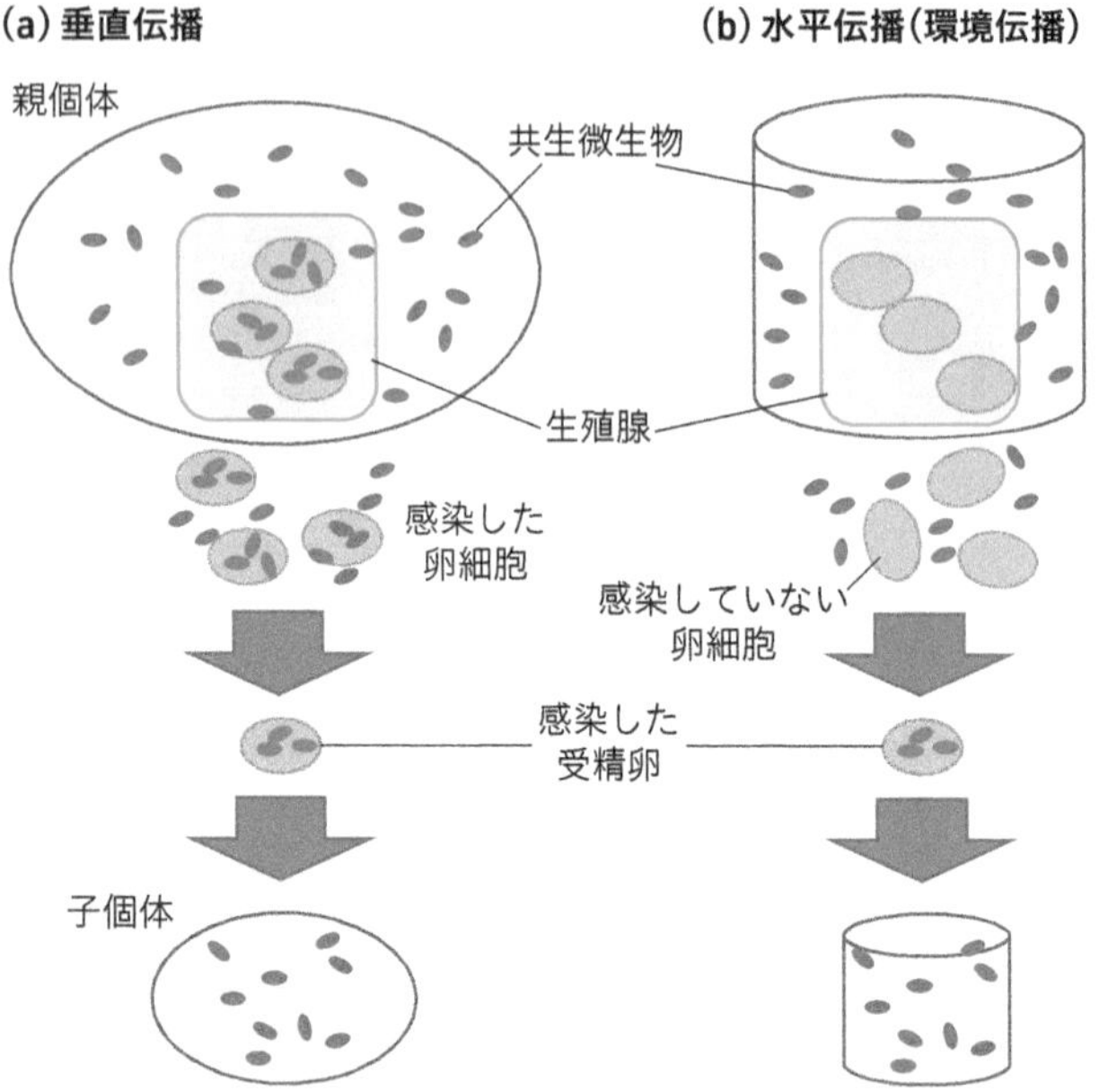

[図9.1] **共生微生物の垂直伝播（a）と水平伝播（b）のイメージ**
小さな赤い楕円は共生微生物を表す

る。しかし、感染が遅れると、浮遊幼生が分散してしまうので、感染は難しくなる。

水平伝播は、遠く離れた海底に同種の生物が発見されるという謎だけでなく、生物の生息環境の解明にも関係する。

遠く離れた場所に棲む親戚

最後に取り上げる深海生物の謎は、広大な深海の遠く離れた場所で同じ種が見つかる理由である。ここまで、熱水噴出域や鯨骨といった特別な場所に集う生物群集を紹介してきた。そういった場所は、広い深海底にポツポツと分布しており、連なっているわけではない。ここで取り上げるのは、大陸移動を伴う海洋底の分断や融合といった変化により生息地が分断され、もともと一ヵ所に生息していた近縁な種が離れた場所で見つかる、という現象ではない。また、単純に移動能力（遊泳力）で説明するのも難しい。そもそもあまり移動に長じていない種が多いし、100キロメートルという長距離を移動しなければならないからだ。

ところで、遠く離れた生物が同種や近縁種であることが次々と明らかになってきたのは、形態ではなく遺伝子の塩基配列を指標とすることにより、分類群を正確に判定できるようになったためである。また、単に分類群を同定できるだけでなく、遺伝的類縁関係にあることがわかれば、過去に遺伝子交換が起きたと推定できる。それでは、どのくらい離れた場所にいる生物群にどのような関係が認められたのであろうか。

メキシコ湾の**冷湧水域***にはハオリムシやイガイ類が生息している。南大西洋をはさんで1万キロメートル近くも離れたアフリカ西海岸のナイジェリアの西岸沖でも、ハオリムシやイガイ類が生息している。この2つの地域で、互いに同類種や遺伝的類縁関係にある群が確認されたのである。また、インド洋とパプアニューギニアの2つの熱水噴出域の間では、遺伝的に非常に近縁なシンカイヒバリガイの仲間が発見されている。熱水噴出域や湧水域の間で、そのような類縁関係が数多く見つかっている。

遠く離れた場所に同種や近縁種の生物が点在しているということは、その祖先が移動したことを意味する。極限環境に生きる生物は、どこでも生きられるわけではないので、積極的に移動するとは考えにくい。それでも、移動を余儀なくされるときがくる。永遠に続く極限環境は存在しないからだ。

たとえば、熱水噴出口は一見、頑丈な岩のようだが、実際は熱水に含まれる物質が積み重なって壁をつくっているだけなので、非常に脆《もろ》い。潜水船のマニピュレータが当たっただけでも、簡単に崩れてしまう。熱水の流量が変化することもあるし、熱水の噴出が止まることもある。ひとつの熱水噴出口は長くても10年で崩壊すると言われている。鯨骨も数十年で消失する。そこに生息していた生き物はその後どうなるのだろうか。

流されて移住

移動能力に乏しい生物が点在している理由として、まず第5章で紹介した底層流が思い当たる。海底地形が複雑なほど海水の流れも複雑になる。そのような場所での海流の観測から、流れが強いのは意外にも海底に近いところだという結果が得られている。また、水平方向の流れだけでなく、渦、乱流が発生することが最近わかってきた。この渦の発生が深海底付近にまで影響することもわかった。常時ではないが、強い流れや上下の渦も深海底に起きるのである。このような流れに幼生が乗ることができれば、遠く離れた場所への移動も不可能ではなくなる。

深海生物は海水の流れに乗ることで遠くへ移動すると同時に、幼生の寿命を延ばしている可能性がある。例として、深海生物ではないが、筆者が研究してきた**ナメクジウオ**について紹介する。ナメクジウオの成体は水深の浅い湾内や沿岸の砂地の海底に潜っているが、その幼生は浮遊するプランクトンである。1ヵ月で変態して着底する。変態するとひれがなくなり、筋肉が発達して、遊泳する体ではなくなる。しかし、着底できないほど深い海域に運ばれた場合、1ヵ月以上経っ

＊海底温泉の熱水活動（第6章参照）とはしくみが異なるが、深海底の堆積物がなんらかの地殻の動きによって圧縮され、メタンや硫化水素に富む温度の低い地下水の湧き出している場所のこと。

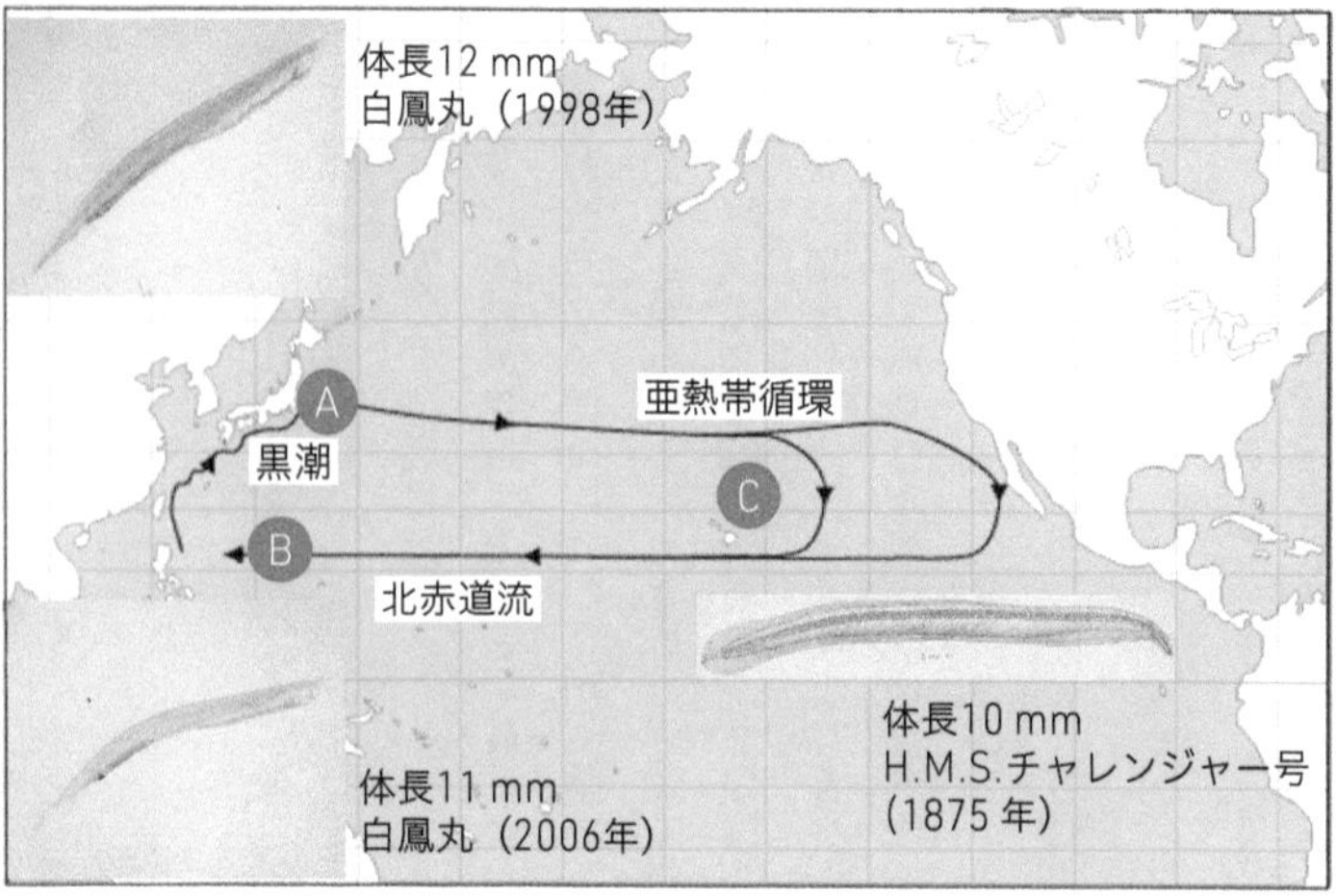

［図9.2］ **日本沿岸および太平洋で採集されたナメクジウオの巨大幼生**
A、B、Cの3海域でプランクトンネットにより採集された。種は確定していない

ても幼生のままで過ごし、約2倍以上の大きさにまで成長する。房総半島のはるか沖の黒潮流域でも、大きく成長した幼生個体が採集されている（**図9・2**）。なぜ、適当な環境に巡り合わなければ変態せず、幼生の寿命が長くなるかはわかっていない。採取された幼生の種も特定できていない。鹿児島県野間岬沖の水深290メートルの深海底にある鯨骨で発見されたゲイコツナメクジウオと黒潮流域で採集された巨大幼生は遺伝的に近縁であった。仮説だが、黒潮の側流が南北に流れる海域であるため、ゲイコツナメクジウオは赤道付近から黒潮に乗ってきた可能性が高い。そして、その幼生の中から巨大幼生が出てくるかもしれない。

第2章で紹介したチャレンジャー号も、

1875年にナメクジウオの巨大幼生をハワイ島沖の水深1830メートルの漸深層で採集している。幼生と海流の関係は、海洋調査の進展とともにわかってくるだろう。

飛び石をたどる

成体は熱水噴出口や鯨骨から離れられない生き物であっても、その幼生は旅に出ることができる。幼生の旅としてよく知られているのは、深海生物ではないが、ニホンウナギの幼生が産卵場から日本の親が育った川へ戻ってくる話である。マリアナ海域の産卵場で孵化《ふか》すると、レプトケファルスという葉状の浮きやすい浮遊幼生になり、成長しながら北へ向かう海流に乗って日本近海までやって来る。ニホンウナギの場合、産卵場から成長期を過ごす日本の川を目的地として移動するが、熱水噴出口の生物の幼生は、決まった目的地をもたない。深海の流れに乗って分散し、運よく熱水噴出口にたどり着いた個体が生き延びるのか、あるいは、深海から上昇する流れをつかまえ、上層で速い流れに乗って移動するのだろうか。いずれにしても運次第なのだろうか。

答えはまだないが、鯨骨生物群集の発見により、1989年に飛び石仮説が提唱された（図9・3）。

鯨骨は、全海洋の海底に10万頭分以上が存在すると見積もられている（自然界での発見は偶然に頼らざるをえないので、実際の調査数はずっと少ない）。鯨骨生物群集には、ホネクイハナムシ、

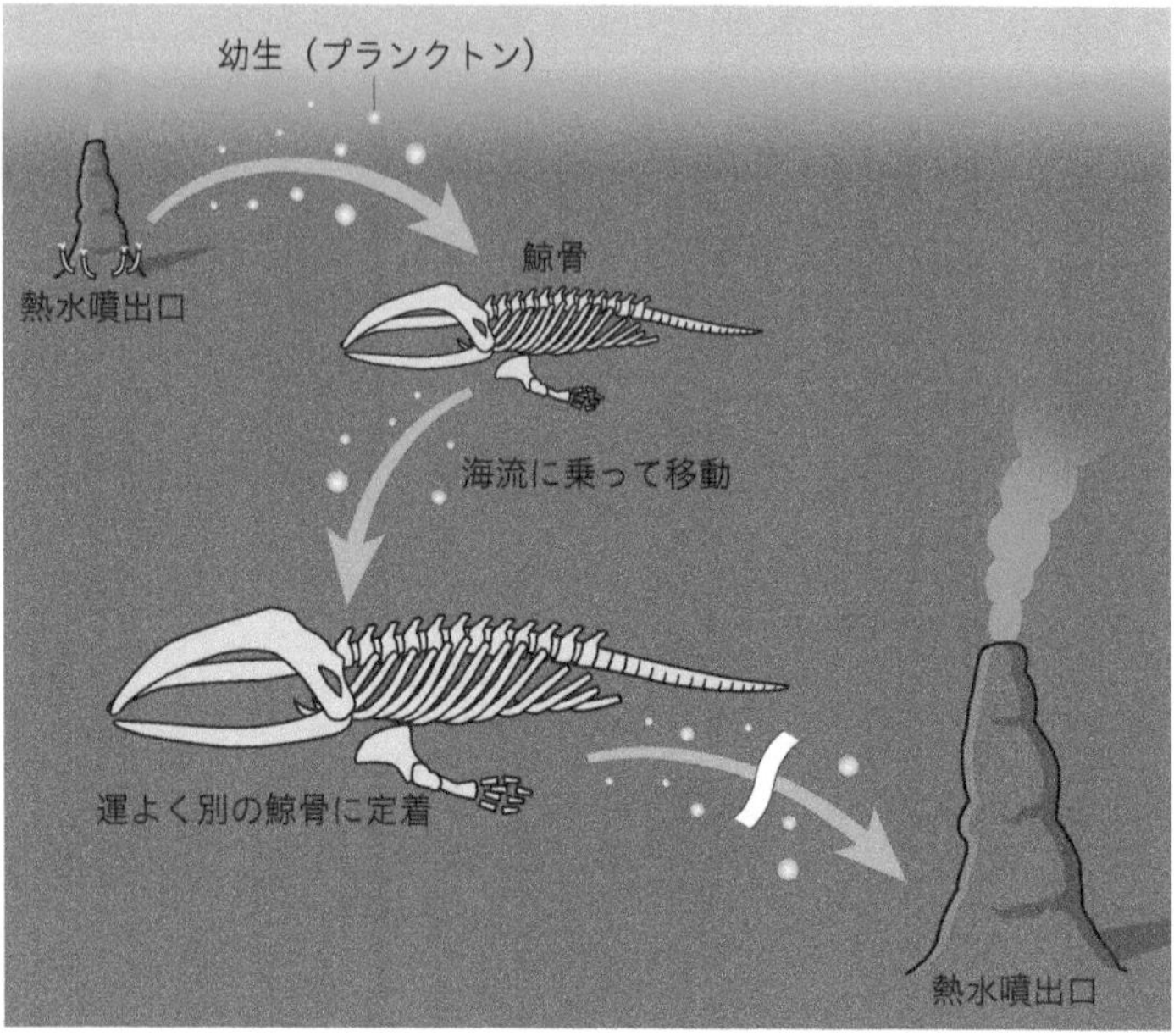

[図9.3] **飛び石仮説**

遠く離れた熱水噴出口で近縁な生物が見つかる理由を説明する仮説。幼生（プランクトン）は海流に乗るなどして、生まれた熱水噴出口を離れることが考えられる。うまく別の熱水噴出口にたどり着ける可能性は低いが、運よく深海底の鯨骨に定着することができれば、そこで生きられる。熱水噴出口から鯨骨、鯨骨から別の鯨骨というように、世代交代のたびに幼生が旅をすれば、はるか遠くにある新たな熱水噴出口にたどり着ける可能性がある。このように、深海底の鯨骨が熱水噴出口と熱水噴出口をつなぐ飛び石の役割を果たしている、とする仮説である二枚貝のイガイ類であるヒラノマクラ、ホソヒラノマクラ、キヌタレガイなど多様な生物が見られる。おそらくプランクトン幼生が鯨骨に遭遇し、そこで成長するのだろう。前述のように、幼生はすでに共生微生物をもっている（感染している）と考えられ、定着した鯨骨で化学合成微生物共生生態系が形成される。

鯨骨生物群集は、クジラ個体の死によって偶然に形成される。クジラ類の体は大きいので、多くの個体は死ぬと海底に沈み、また、その死骸にできる生態系を長く維持できる。そこで、1989年に鯨骨の発見を報告したハワイ大学のクレイグ・スミス（Craig Smith）教授は、鯨骨が熱水噴出口や冷湧水の間の長距離移動を助ける役目を果たしている可能性を考えた。これが飛び石仮説である。

鯨骨の間でも長距離の移動が見つかっている。たとえば、ブラジル沖の鯨骨から見つかったホネクイハナムシ類とカリフォルニアのモントレー湾の鯨骨から見つかったフランクホネクイハナムシは、近縁だった――この2つの鯨骨は1000キロメートル以上も離れている。鯨骨を飛び石にしながら、鯨骨に生息する生物が遠くまで分散しているらしい。その際、鯨骨でしか生きられない生物でなければ、化学合成生態系である熱水噴出域や冷湧水域も飛び石になり、棲みかともなる可能性がある。

深海生物の幼生の分散は、海が広大である一方で、深海もひとつにつながっていることを示している。海洋観測が進み、海底地形や表層から深海底までの海流の様子が詳細にわかってくれば、幼生の分散プロセスが推測でき、極限環境の様相だけでなく、そこに生息する深海生物の生態も理解が進むだろう。その暁《あかつき》には、深海生態系がどのように成り立っているのか、という謎が解けるはずである。

Column

深海・超深海の生物はどのように探査されてきたか

17世紀頃まで、われわれの海洋生物に対する関心や知識は、おおむね、自分の食料となる魚や貝や海藻など、浅い海で採れる水産資源に限られていた。

しかし18世紀に入ると、博物学者の一部が、陸だけでなく海の生物全般に積極的な視線を向けはじめる。深い海の中にはどんな生物がいるのだろう、採取して調べてみよう――と、彼らは漁網を改造して袋状のドレッジと呼ぶ生物採取網をつくり、これを船から海底に向けて降下させた。そして船を微速で動かし、底生生物をすくい取ったり削ぎ取ったりして標本を増やしていった。

海洋生物学の萌芽期に活躍した英国のエドワード・フォーブス（1815―1854）は、エーゲ海で水深400メートルを超えるドレッジ観測を頻繁に行った。水深が増すほど、回収される生物は急激に少なくなっていく。その結果を外挿し、フォーブスは海洋の「無生物帯説」を提唱した。これは、水深が300ファゾム（550メートル）を超える深海には、もはやドレッジにかかるような生物はいないとするもので、当時の学界を一時席巻した。

その後この深度を超えても生物の発見が相次いだため、この学説はあえなく否定されていく。それでも、フォーブスの投じた一石が深海生物学の発展に大きな弾みをつけたことは間違いないだろう。そして1872年から1876年に実施される、英国チャレンジャー号による世界一周研究航海へとつながっていくのである（第2章参照）。

チャレンジャー号（図9・4、排水量2306トン、長さ67メートル）は、舷側から丈夫な麻縄を最大4000ファゾム（7320メートル）の深さまで降下させることができた。その先端にドレッジやビームトロール（ドレッジより大型の底引き網）を取り付けることで、世界各地の深海・超深海から夥《おびただ》しい数の生物試料が採取された。それらは魚類や甲殻類のような大型動物から原生動物まで種々さまざまで、最大5720メートルの深度まで生物のいることが確認された。

チャレンジャー号探検の大成功が呼び水となり、19世紀後半から20世紀半ばにかけて、フラム号（ノルウェー）、アルバトロス号（米国）、ダナ号（デンマーク）、メテオール号（ドイツ）、アルバトロス号（スウェーデン）、ヴィチァズ号（ソ連）、ガラテア号（デンマーク）、チャレンジャー8世号（英国）など世界各国の観測船が、次々と大規模な調査航海を実施した。観測点にはあちこちの海溝域も含まれ、超深海の生物研究が格段に進展した。

なかでも1950年から1952年にかけて実施されたガラテア号の世界一周航海は、デンマークの著名な海洋生物学者アントン・ブルウン（1901—1961）を中心に深海生物調査を主目的として実施されたもので異彩を放っている。長さ1万2000メートルの観測ウィンチを装備したガラテア号（排水量1600トン、長さ80メートル）は、深さ1万190メートルのフィリピン海溝からイソギンチャク、エビ、ナマコなどを採取し、1万メートル以深の超深海においても、多彩な生物のいることをみごとに実証した。ちなみに、深さ6000メートルより深い海のことを超深海——Hadal Zone（ヘイダルゾーン）——とくに区別して呼ぶようになったのは、ブルウンの提案によるものである。

［図9.4］ **チャレンジャー号**
Wikimedia Commonsより

最近の深海調査手段は、深海カメラつき捕獲装置、有人潜水船、無人探査機など、著しく高度化しつつある。しかし一方で調査頻度がまだ限られていることから、深海・超深海生物の多様性、生息密度の空間分布や時間変化の解明には、詳細な情報の蓄積がなお必要である。

第10章

深海を守れるか？——汚染・資源・絶滅危惧種

最後の章では、やはり海洋の環境問題、それも、ふつうの本にはあまり出てこない深海・超深海の環境問題を取り上げてみたい。

海の環境問題といえば、まず身近な海の表層付近で起こる現象——たとえば温暖化や酸性化など——に関心が集まりやすい。しかし、はるかに目立たないが、深い海のなかで密かに進みつつある現象にも眼を向けておかなければ片手落ちだろう。海洋の深層循環（熱塩循環）の最近の変化については、第5章で述べた。ほかにも、海洋表層から深層・底層へとじわじわ広がりつつある環境変化がいくつもあり、また深海底に端を発する環境問題もある。

天然に存在しない人工物や化学物質による海洋の汚染問題は、いま深刻な様相を呈している。海への流出が止まらず、海で分解・消滅することのないマイクロプラスチックは、その象徴的存在と言えるだろう。マイクロプラスチックは、その表面に疎水性の人工有害物質を蓄積しながら、生物を媒体とする海洋の物質サイクルに組み込まれていく。そして水深1万メートルの超深海にまですでに到達していることが、最近の観測によって明らかにされている。

第6章で述べた深海底の熱水鉱床は、われわれの未来を明るく照らす海の恵みのひとつである。しかしその恵みも、野放図に享受してよいものかどうか慎重に検討すべきだろう。熱水鉱床の採掘は、海底付近の環境を痛めるかもしれない。そして海底には多彩な生物がいる。われわれは、海洋の環境と生物多様性の保全を、よくよく考えたうえで先に進まなければならない。

深海・超深海の環境を汚すメカニズムは2通り

深さが何千メートル、ないし1万メートル以上もある深海・超深海は、まだ人為的な環境問題とは無縁の、純白で清浄な世界に思えるかもしれない。100年前ならば、そのイメージも正しかっただろう。しかし残念ながら今は違う。地球環境問題は、すでに深海・超深海まで範囲を広げようとしている。

海洋環境の変化や海水中の人工汚染物質は、どのようなメカニズムで海洋表層から深海・超深海へ伝わり運ばれていくのだろうか。輸送ルートは、おおまかに2通りある。ひとつは、第5章で述べた熱塩循環（コンベアーベルト、図5・5参照）に伴う水平的な伝搬、そしてもうひとつは、第7章で述べた沈降粒子（マリンスノー、図7・10参照）による鉛直下向き輸送である。

どちらのルートをとるかは化学物質しだいである。いま陸上の人間社会から、なんらかの難分解性の人工化学物質が、海洋表層に放出されたとしよう。この化学物質が、その後どのように海洋内に広がっていくかは、この物質のもつ化学的性質――海水に溶けるか否か――に強く依存する。もし海水によく溶ける物質なら前者のルート、もし海水に溶けにくい物質であれば後者のルートが、それぞれ強く関わってくるはずだ。

以下に具体例を見てみよう。まず海水に溶ける人工物質として、フロンガスを取り上げる。そして海水に溶けにくい物質の例として、マイクロプラスチックについて考える。海洋表面にもたらされたこれら2通りの化学物質が、いまどのように深海・超深海へと移行しつつあるのか、追跡してみよう。

フロンガスの場合

フロンとは、ハロゲン元素（フッ素、塩素、臭素など）を含む人工有機化合物の一般的な呼称である。なかでも、メタン（CH_4）やエタン（C_2H_6）の水素原子（H）をすべてフッ素（F）や塩素（Cl）で置き換えたCCl_3F、CCl_2F_2、CCl_3CF_3のような物質（クロロフルオロカーボン類）をさすことが多い。これらが初めて合成されたのは、1930年頃である。化学的に安定で、冷媒・洗浄剤・噴霧剤などとしてうってつけ、しかも人体には何の害もない。たちまち「夢の物質」ともてはやされ、20世紀後半に爆発的に普及した。1970年代中頃には世界の年間生産量が100万トンを突破した。

しかし、夢の物質には、とんでもない負の側面があった。対流圏（成層圏の下の大気の層で、地表から高度10～16キロメートルまでを指す）に広がったフロンガスは、安定で分解しにくいゆえに成層圏まで上がっていく。そこで初めて、太陽からの紫外線によって分解される。すると塩素原子が遊離する。この塩素原子が一種の触媒として作用し、近くにあるオゾン（O_3）を片っ端

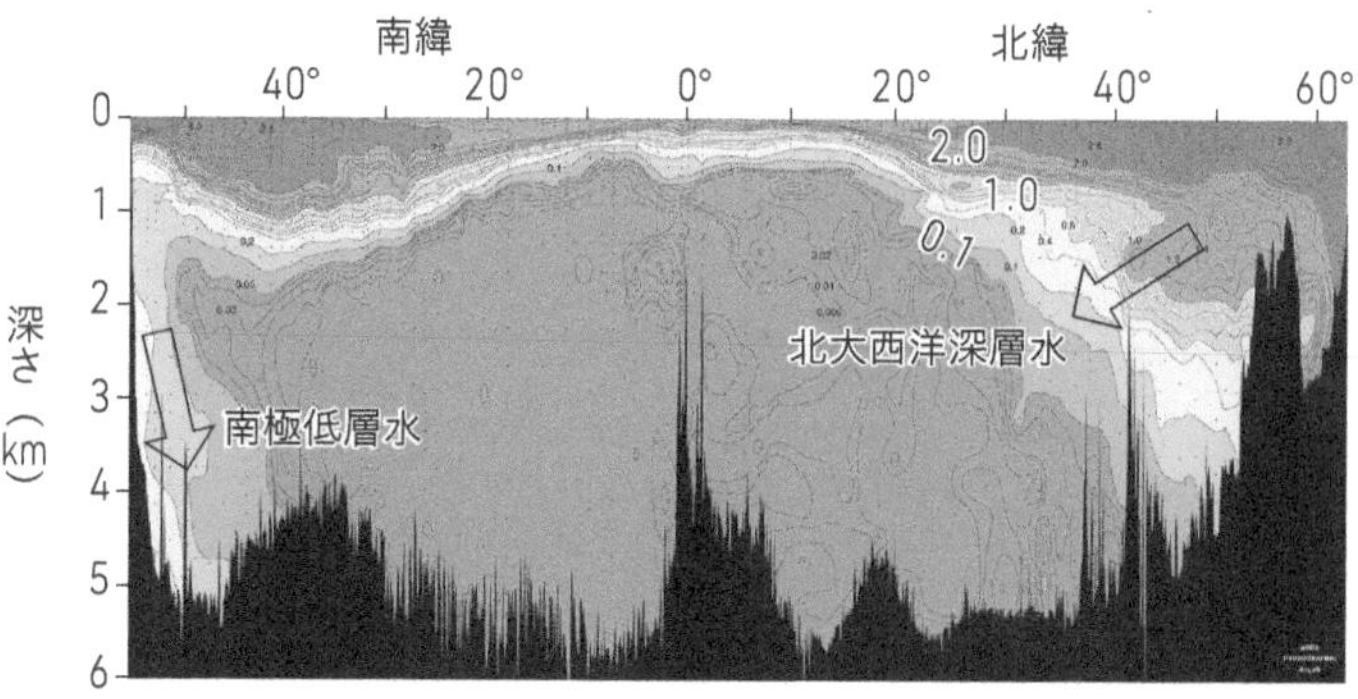

［図10.1］ **1988〜89年の大西洋全域（WOCE-A16ライン）における海水中のフロンガスCCl_3Fの濃度断面図**
図中の数字はフロンガス濃度で、単位はピコモル/kg。The WOCE Atlantic Ocean Atlasの図に加筆

から分解してしまうのだ。

成層圏にあるオゾン層がなくなったら、陸上生物にとって有害な太陽紫外線が遮蔽されることなく、もろに地表に降り注いでしまう。そのリスクに気がついた国際社会は大きく鳴動し、1987年にモントリオール議定書を定め、全世界のフロン製造にストップをかけた。その結果、大気中のフロンガス濃度は横ばいに転じ、現在は少しずつ減少している。しかし化学的に安定なことが逆に災いし、すぐにはなくならない。

前置きが長くなったが、大気中に広がったフロンガスの一部は、いま少しずつ大気から海洋表面水に溶け込んでいる。そして、海洋の熱塩循環によって深層へと運ばれつつある。図10・1は、大西洋のほぼ中央を南北に縦断して、1988年から1989年にかけて測定された海水中のCCl_3Fの濃度断面図である。緑色は濃度がほぼゼロであること、そして赤色は濃度が高いことを示す。

第5章で述べたように、極域（北極海や南極海）において表面海水の沈み込みが起こり、北大西洋深層水や南極底層水となって深層・底層へと広がっていく。その動きに乗り、フロンガスが、じわじわと深海へと送り込まれていることがわかる。インド洋と太平洋でも似たような濃度分布が得られている。

1930年頃まで、フロンは地球上に存在しなかった。ということは、もし今から100年前に同じ観測を行っていたなら、図10・1は緑一色だったはずである。言いかえると、100年にも満たないわずかな年数で、可溶性の人工化学物質は、このくらい海の内部まで広がっていくのだ。図5・3に示した、大気核実験トリチウムの分布と似ていることにお気づきだろうか。トリチウムなら、半減期12・3年で消えていくのを待てばよい。しかしフロンガスは、半永久的に海水中に残るだろう。

コンベアーベルトはしだいに緑色のエリアを消して、赤一色にしていくだろう。フロンが生物に無害なのは、大きな救いである。今後、熱塩循環を追跡する研究のために、海水中のフロンが有効に活用されることに強い期待が寄せられている。

マイクロプラスチックの場合

きちんと回収されず、自然界に放擲《ほうてき》されたプラスチックごみの多くは、下水や河川を経て海岸沿いに集積する。そこで強い太陽光（紫外線）に晒《さら》され、波に叩かれると、プラスチックは劣化して割れ、しだいに細片となっていく。サイズが5ミリメートル以下になると「**マイクロプラスチック**」と呼ばれる。引き波や海流によって、沿岸から外洋へと運び出されたマイクロプラスチックを、もはや回収することは難しい。海水には溶けず、海流に乗り、世界中の海に広がってしまう（**図10・2**）。

やがて海洋表層の動物プランクトンや小魚が、マイクロプラスチックを餌と区別せずに摂食する。その瞬間から、マイクロプラスチックはただの浮遊ごみでなくなり、生物を媒介とする海洋の物質サイクルに組み込まれてしまう。つまり表層から深層へと入り込んでいくのだ。

プラスチックそのものには、強い毒性はない。しかし、その製造過程で付加されるさまざまな添加物（可塑剤や難燃剤など）の中には有毒なものがある。さらにマイクロプラスチックは、海面付近を浮遊するうちに、その表面に有毒な有機物を吸着する作用がある。海面には、ミクロレイヤーと呼ばれる疎水性の薄膜が浮かんでおり、やはり疎水性の人工有機物質——とくに**POPs**（Persistent Organic Pollutants：難分解性有機汚染物質）と呼ばれる毒性の強いもの——を

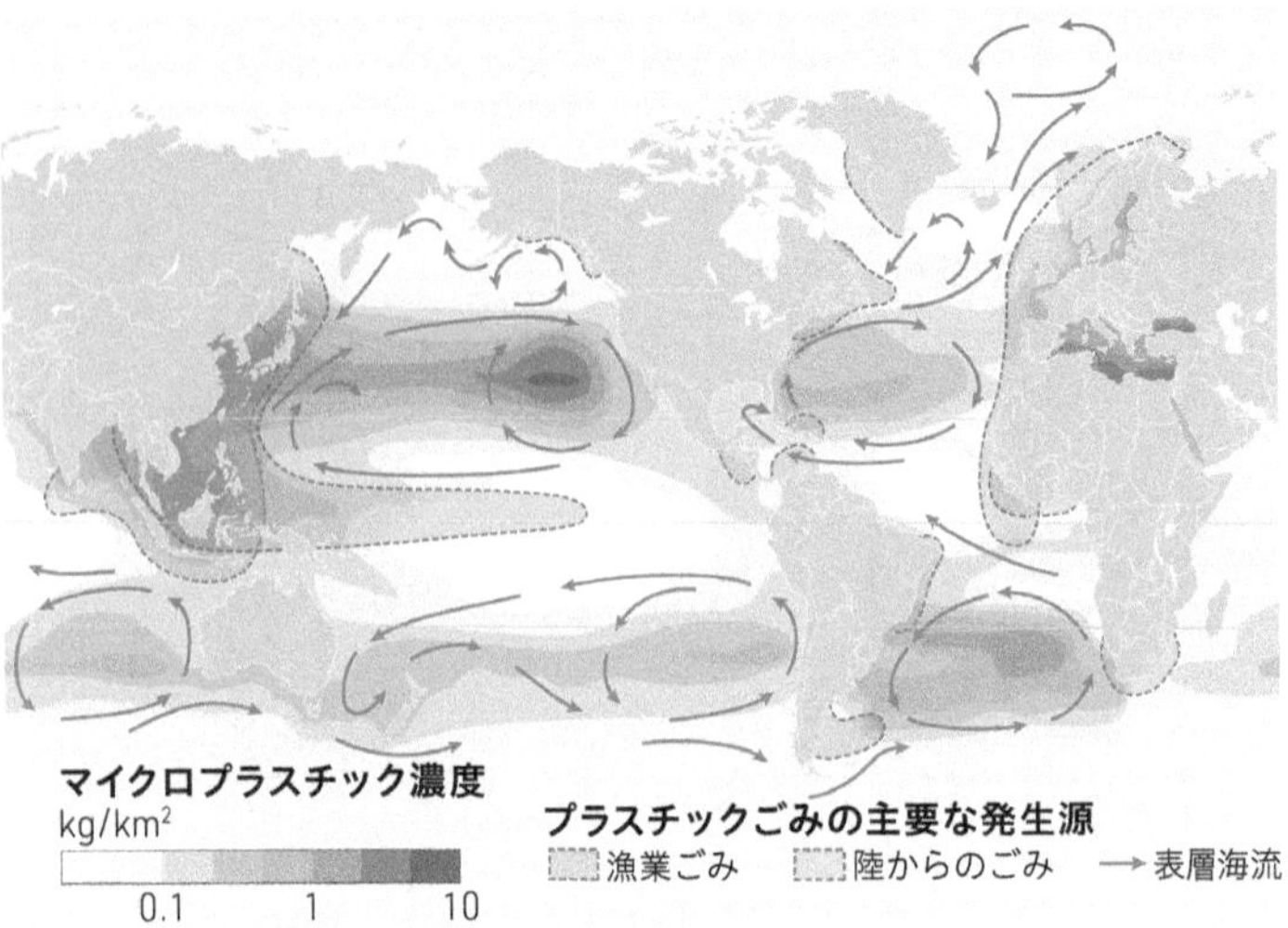

［図10.2］ **表層海流によって全海洋に輸送されるマイクロプラスチックの現状を、観測とモデル計算などにもとづいて描いたもの**

https://www.grida.no/resources/13339 からの図（Riccardo Pravettoni と Philippe Rekacewicz 作）を一部改変

濃縮している。実際、世界中の海岸に漂着したマイクロプラスチックが、**PCB**（ポリ塩化ビフェニル、代表的なＰＯＰｓのひとつ）に著しく汚染されていることを、東京農工大学の高田秀重教授が確認している。

海洋生物が、汚染されたマイクロプラスチックを餌とともに摂食すれば、彼らの体内にＰＯＰｓが取り込まれる。ＰＯＰｓは不溶性なので消化されず、体内の脂肪分に蓄積しやすい。食物連鎖が大型魚類へと進むにつれ、ＰＯＰｓの蓄積率が高まっていくことが懸念される。生物体に取り込まれたマイクロプラスチックは、排泄物や死骸からなるマリンスノーの一部となって海中を落下し、深海・超深海へと沈んでいく。

そして図7・10に示した海溝における堆積物の集積効果が、ここにも顔を出す。海溝斜面に到達したマイクロプラスチックは、しだいに海溝底へと集められていくらしいのだ。

チャレンジャー海淵の底まで、すでに汚染されていた

つい数年前の2017年、超深海の底生生物がPOPsによってすでに汚染されていることが、初めて明らかになった。

発見したのは、第4章に登場した、英国のジェイミソンらの研究グループである。彼らは、生物捕獲用ランダーを用いて、西太平洋のマリアナ海溝とケルマディック海溝の海底（深さ7227～1万250メートル）から、長さ数センチメートルの端脚類（ヨコエビ）を数匹ずつ採取した。和名カイコウオオソコエビと呼ばれるもので、体内に消化酵素セルラーゼ（樹木や植物体のセルロースを分解できる）をもつことを、第8章で紹介した。

このヨコエビの体組織を分析してみたところ、きわめて高濃度のPCBやPBDE（ポリ臭化ジフェニルエーテル）といったPOPsが検出された。1万メートル級の超深海にまで、人間由来の汚染物質がすでに到達していた——この事実は、多くの人々を愕然とさせた。

ヨコエビの乾燥検体に含まれていた主要な7種のPCBの総量は、マリアナ海溝から採取され

た6個体について147〜905ナノグラム（ng）／グラム（g）（平均値：382ng／g）、また、ケルマディック海溝から採取された6個体については18〜43ng／g（平均値：25ng／g）であった。多くの国々と接している北太平洋のほうが、南太平洋よりも一般に海洋汚染レベルの高いことが知られているが、超深海においても同じ傾向が認められた。

これらの数字を、工業廃液に汚染された沿岸堆積物（乾燥試料）中に含まれるPCB濃度の最高値（米国・グアムで314ng／g、日本で240ng／g、オーストラリアで160ng／gなど）と比べてみれば、ただ事ではないことがよくわかる。

超深海に暮らす生物が、なぜ、これほどまでPOPsに汚染されてしまったのだろうか。

超深海ヨコエビの生態はまだ十分解明されていないが、海底に降下してくる、わずかな有機物を摂食することによって生命活動を維持していることは間違いないだろう。PCBもPBDEも、マイクロプラスチックと親和性の高いPOPsだ。とすると、ヨコエビを汚染させた元凶はマイクロプラスチックかもしれない。

そこでジェイミソンらは、前記の2海溝を含む太平洋の6海溝の海底（深さ7000〜1万890メートル）から同種のヨコエビ90個体を採取してくわしく調べた。予想に違わず、65個体の消化管の中から、マイクロプラスチックを含む人工物質が出てきた。ヨコエビの多くが、海底に降下したマイクロプラスチックを摂食し、その結果POPsを体内に蓄積してしまったということなのだろう。

さらに、マリアナ海溝内や海溝底をくわしく調査した中国の研究グループは、採取した海水や海底堆積物すべてに、マイクロプラスチックが普遍的に含まれていることを確認した。**図10・3**がその結果である。チャレンジャー海淵付近において、単位体積当たりの海水(a)および海底堆積物(b)から検出されたマイクロプラスチックの個数が、数字と円の大きさで示されている。

海溝斜面から海溝底にかけて、海水と海底堆積物のいずれも多量のマイクロプラスチックを含んでいることがわかる。そして海溝底に近づくほど、マイクロプラスチックが増えているように見える。海溝地形による集積効果（図7・10）を反映しているのであろう。

第4章に登場したヴェスコーヴォも、プエルトリコ海溝、スンダ海溝、およびマリアナ海溝の海底でプラスチックごみ（ポテトチップスが入っていたような袋など）を見つけて嘆息している。

海洋表面のプラスチックごみは、海流に乗って人間の居住地から遠く離れた場所へと広がっていく。プラスチックごみとは無縁のはずの北極海や南極海でさえ、すでにマイクロプラスチックが浮遊している。そして少しずつ深海・超深海へと沈んだり運ばれていく。世界最深のマリアナ海溝にまで存在するということは、マイクロプラスチック・フリーの海水や海底堆積物は、もはやどこにもないということかもしれない。

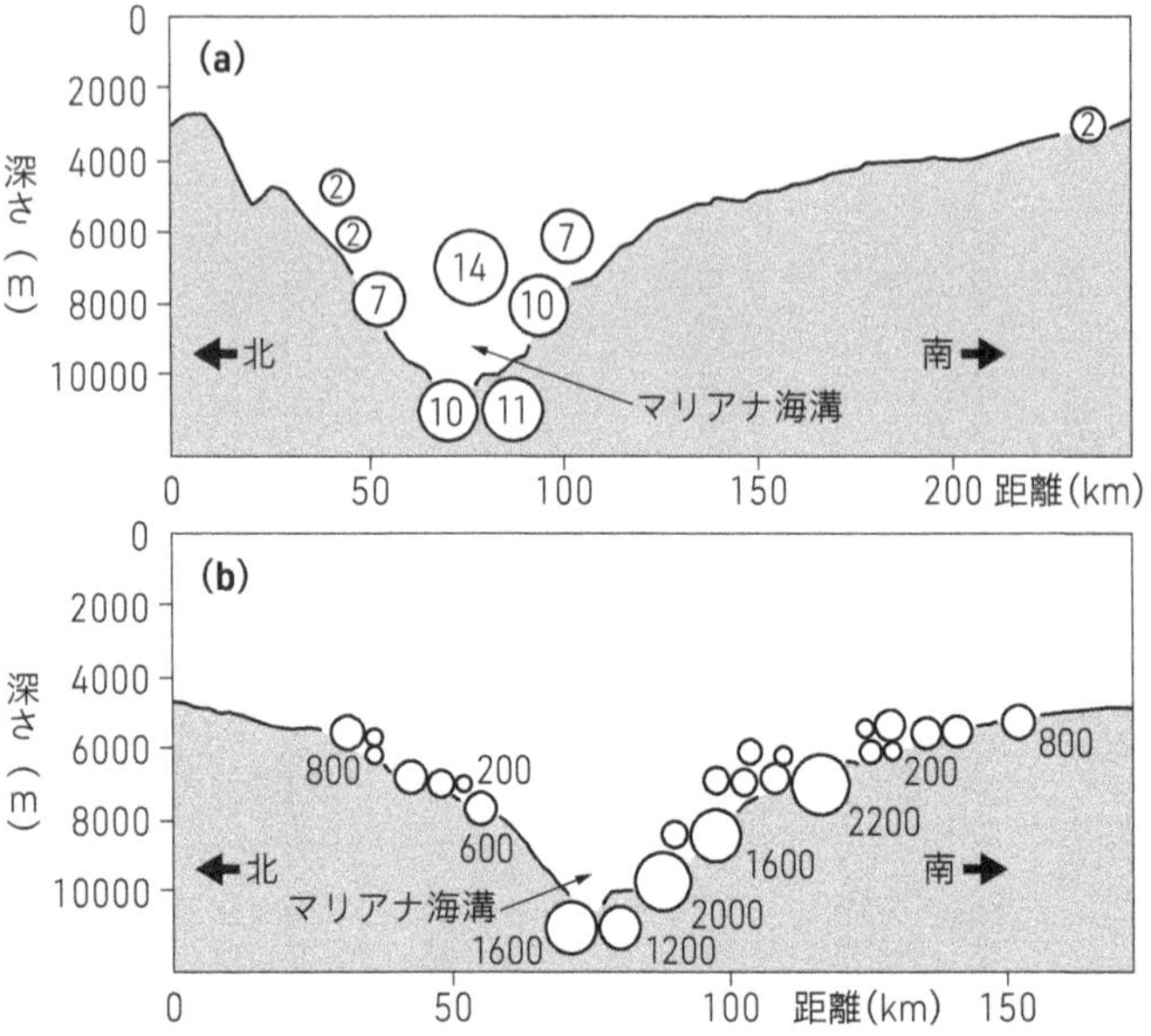

［図10.3］**マリアナ海溝チャレンジャー海淵付近（北緯10〜12度、東経142度）における、(a) 海水1リットルおよび (b) 海底堆積物1リットル中に含まれるマイクロプラスチック片の数の南北断面分布**

Peng et al. (2018) にもとづく。円の大きさが濃度の大小に対応する

海底温泉（熱水鉱床）の生態系・生物多様性を守る動き

深海底には、陸から漏れ出した人工汚染物質とは関わりのない、まったく別の環境問題がある。第6章で少し触れた熱水鉱床は、貴重な金属元素（銅、亜鉛、金、希土類元素など）を高濃度で含む鉱物資源として注目を集めている。陸上の鉱床がやがて枯渇しても、深海底には手つかずの大鉱山がたくさんあるらしい。本格的な採掘に備え、技術開発も進められている。これぞ深海の恵み――と、バラ色の未来にほくそ笑む人がいるかもしれない。

だがちょっと待ってほしい。その前に、考えるべきことがある。熱水鉱床を回収しようとすれば、多かれ少なかれ、海底温泉の破壊はまぬかれない。そして、その周囲に生息する熱水生物群集が、致命的な被害を受ける恐れがある。最悪の場合には絶滅、すなわち生物多様性の喪失につながる事態も想定される。

図10・4は、海底温泉付近の熱水鉱床を、深海用採鉱機によって掘削するイメージ図である。採鉱機は海底面を明るく照らし、かなりの騒音を立て、海底面を掘り進むことになるだろう。企業としては、採算をとるため十分な量の鉱石を回収しなければならない。採鉱機のまわりの海水は、大量の削りくずで汚れた泥水となり、それが周囲に広がって海底面を覆うだろう。また、海面に待機する採鉱母船が鉱石を回収したあと、残りの排水は海底に戻されるが、この排水も汚染

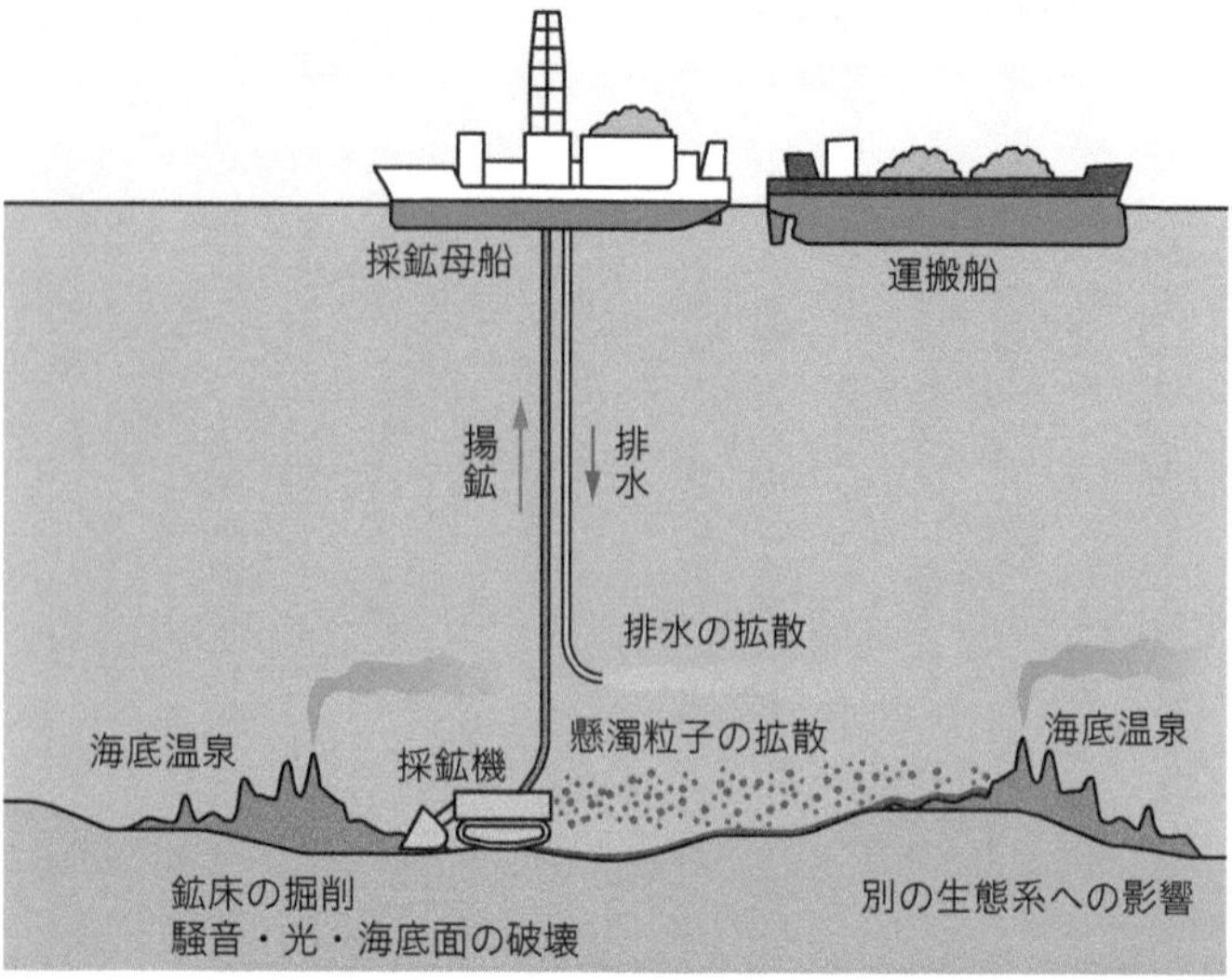

［図10.4］ **深海底の熱水鉱床を、海面から降ろした採鉱機によって掘削する際に、海底環境がどのような影響を受けるかをイメージした図**

源になる可能性がある。

化学合成微生物に依存する熱水生物群集は、生命をつなぐため熱水のそばを離れることができない。掘削中だけ、どこかに避難してもらうというわけにはいかない。したがって、熱水鉱床を掘削する場合は、熱水生物生態系を壊さないよう、きわめて慎重な環境アセスメントが必要となる。

このことに関連し、インド洋中央海嶺の海底温泉では、最近注目すべき環境保護の動きがあったので紹介しよう。インド洋の、それもごく限られた場所にしかいない熱水性巻貝——スケーリーフット（**図10・5**）——が、2018年、***国際自然保護連合**（**IUCN**）によって、**絶滅危惧種**に指定され

［図10.5］**絶滅危惧種に指定された、インド洋の海底温泉に特有の巻貝スケーリーフット（学名ウロコフネタマガイ）**
3個体はインド洋の別々の海底温泉から採取されたもので、熱水の化学組成に応じて鱗の色が異なる（Chong Chen撮影、ウィキペディア『ウロコフネタマガイ』より）

たのだ。

　この巻貝は、長さが4〜5センチメートルくらいで、体内には化学合成微生物を共生させている。目をひくのが、貝殻から突き出した足の表面を、びっしりと鱗が、まるでカワラを葺いたように覆っていることだ。スケーリーフットを直訳すれば「鱗だらけの足」となる。鱗をもつ巻貝は、地球上でこの種だけ。しかもインド洋のわずか3ヵ所の海底温泉でしか見つかっていないという、きわめて希少な存在なのだ。

　絶滅危惧種としてIUCNのレッドリストに登録されることは、国際的に強い影響力をもつ。すなわち、スケーリーフットの生息域

＊国際自然保護連合（IUCN）は、陸上も含め、希少な生物を保護することを目的とした国際組織である。絶滅が危惧される生物をレッドリストに登録して、広く注意喚起を行い、世界的に保護を訴える重要な役割を果たしている。

では、熱水鉱床の調査や採掘はきわめて慎重に行う義務が生じたということである。生物多様性の保護という観点から、ほかの熱水生物についても、今後レッドリストへの登録が進むかもしれない。

生態系をしっかり守りながら、その一方で熱水鉱床の恩恵を得るにはどうすればよいのか、われわれは人智を尽くして検討を重ね、この問題をクリアする必要がある。

おわりに

これまで、深海・超深海といえば、真っ暗で生物に乏しく、およそ活気を欠く静寂の世界とイメージされてきたのではないだろうか。もちろんこの記述はまったくの誤りとは言えない。しかし決してそれだけのものではないことを、本書では精一杯お話しすることに努めた。悠然として3大洋を巡り続ける海水の動き、マリンスノーに命をつなぐ健気な深層生物、350℃という想像を絶する高温の熱湯が噴き出す深海底の温泉とその周囲にぎっしり集う不思議な生物、そしてこのような深海や超深海に何としても到達し、神秘の世界を体感しようと飽くなき挑戦を繰り返してきた先覚者たち——これら色彩豊かで熱気にあふれた世界のほんの一端でも、本書からすくいとっていただければ幸いである。また、このような深海・超深海の環境をながく保全するためどうすればよいか、地球全体に関わる重要な問題の一環として、今後も折にふれ考えていただければありがたい。

本書は、蒲生と窪川がそれぞれの専門分野（海洋化学および海洋生物学）に軸足を置きつつ、緊密に連絡をとりながら執筆を進めた。われわれは東京大学海洋アライアンスにおいてさまざまな海洋教育活動に関わり、海洋のサイエンスを一般向けにわかりやすく提供する書籍などの作成に努めてきたが、共著は今回が初めてである。第1～7章および10章を主として蒲生が、第8章と第9章を主として窪川が分担した。校正の段階で両名ともすべての原稿に目を通し、内容のチェックとブラッシュアップに努めた。執筆やゲラ校正の期間がちょうど新型コロナウィルスの蔓延時期にぶつかったため、メールによる情報交換に頼らざるをえなかったが、それなりに十分な意思疎通を図ることができたと考えている。その間、絶えずわれわれを鼓舞し、原稿の催促、図表の調整、わかりにくい箇所の指摘、用語の統一など、身を粉にして奮闘くださった講談社サイエンティフィクの渡邉拓氏には衷心より御礼申し上げる。

執筆に必要な資料や情報の収集にあたっては、小栗一将博士（JAMSTEC、現在は南デンマーク大学超深海研究センター）、渡辺紀子氏（東京大学大気海洋研究所）、三浦和彦教授（東京理科大学）、風間ふたば教授（山梨大学）、および藤原義弘上席研究員（JAMSTEC）にたいへんお世話になった。また2020年7月、本書第4章で紹介したプレッシャー・ドロップ号が横浜港に着岸した際には、乗船中だったアラン・ジェイミソン博士（英国ニューキャッスル大学）をはじめ乗組員の皆様に、リミティング・ファクター号や研究室などを案内していただいた。これらの方々のご助力に深く感謝申し上げる。

2021年2月

蒲生俊敬
窪川かおる

Sumida, P.Y.G. *et al.* (2016). Deep-sea whale fall fauna from the Atlantic resembles that of the Pacific Ocean. *Sci. Rep.*, 6, 1-9.

Suzuki, N. & Kato, K. (1953). Studies on suspended materials *Marine Snow* in the sea: Part 1. Sources of *Marine Snow. Bull. Faculty of Fisheries, Hokkaido Univ.*, 4(2), 132-137.

Turner, J.T. (2015). Zooplankton fecal pellets, marine snow, phytodetritus and the ocean's biological pump. *Progress in Oceanography*, 130, 205-248.

Watsuji, T.O. *et al.* (2015). Molecular evidence of digestion and absorption of epibiotic bacterial community by deep-sea crab *Shinkaia crosnieri. The ISME Journal*, 9, 821-831.

Widder, E.A. (2010). Bioluminescence in the ocean: origins of biological, chemical, and ecological diversity. *Science*, 328, 704-708.

Wilson, T. & Hastings, J.W. (2013). *Bioluminescence: Living Lights, Lights for Living*. Harvard University Press.

Yancey, P.H. *et al.* (2001). Trimethylamine oxide counteracts effects of hydrostatic pressure on proteins of deep-sea teleosts. *J. Exp. Zool.*, 289, 172-176.

第9章

宇田 (1978).（第2章参照）

佐藤 (2014).（第8章参照）

西村三郎 (1992).『チャレンジャー号探検　近代海洋学の幕開け』中公新書.

藤倉ほか (2012).（第8章参照）

安井金也，窪川かおる (2005).『ナメクジウオ：頭索類の生物学』東京大学出版会.

Fujikura, K. *et al.* (2007). Long-term *in situ* monitoring of spawning behavior and fecundity in *Calyptogena* spp. *Mar. Ecol. Prog. Ser.*, 333, 185-193.

Fujiwara *et al.* (2007).（第8章参照）

Ikuta, T. *et al.* (2016). Surfing the vegetal pole in a small population: extracellular vertical transmission of an 'intracellular' deep-sea clam symbiont. *R. Soc. Open Sci.*, 3, 160130.

Thomson, C. W. *et al.* (1889). *Report on the scientific results of the voyage of H.M.S. Challenger during the years 1873-76, Zoology Vol. XXXI.*

Rouse, G.W. *et al.* (2004). *Osedax*: bone-eating marine worms with dwarf males. *Science*, 305, 668-671.

Smith, C.R. *et al.* (1989). Vent fauna on whale remains. *Nature* 341, 27-28.

Sumida *et al.* (2016).（第8章参照）

第10章

高井研 (2020).「スケーリーフット研究小史」 海洋研究開発機構Webサイト（http://www.jamstec.go.jp/j/jamstec_news/20200408/).

Jamieson (2017).（第4章参照）

Jamieson, A.J. *et al.* (2019). Microplastics and synthetic particles ingested by deep-sea amphipods in six of the deepest marine ecosystems on Earth. *R. Soc. Open Sci.*, 6, 180667.

Peng, X. *et al.* (2018). Microplastics contaminate the deepest part of the world's ocean. *Geochem. Persp. Let.*, 9, 1-5.

Williamson, P. *et al.* (2016). *Future of the Ocean and its Seas: A non-governmental scientific perspective on seven marine research issues of G7 interest.* ICSU-IAPSO-IUGG-SCOR, Paris.

Jamieson (2015).（第1章参照）

Kawagucci, S. *et al.* (2018). Hadal water biogeochemistry over the Izu-Ogasawara Trench observed with a full-depth CTD-CMS. *Ocean Sci.*, 14, 575–588.

Nitani, H. & Imayoshi, B. (1963). On the analysis of the deep sea observations in the Kurile-Kamchatka Trench. *J. Oceanogr. Soc. Jpn.*, 19, 75–81.

Nozaki, Y. & Ohta, Y. (1993). Rapid and frequent turbidite accumulation in the bottom of Izu-Ogasawara Trench: chemical and radiochemical evidence. *Earth Planet. Sci. Lett.*, 120, 345–360.

Nozaki, Y. (1995). Chemical and radiochemical investigation of sediment cores from the 9750 m bottom of the Bonin Trench. *MTS Journal*, 29, 32–41.

Otosaka, S. & Noriki, S. (2000). REEs and Mn/Al ratio of settling particles: horizontal transport of particulate material in the northern Japan Trench. *Mar. Chem.*, 72, 329–342.

Schlitzer (2016).（第4章参照）

Wenzhöfer, F. *et al.* (2016). Benthic carbon mineralization in hadal trenches: assessment by in situ O_2 microprofile measurements. *Deep Sea Res. I*, 116, 276–286.

Xu, Y. *et al.* (2018). Biogeochemistry of hadal trenches: recent developments and future perspectives. *Deep Sea Res. II*, 155, 19–26.

第8章

井上広滋 (2019).「タウリン蓄積機能の流用による深海底温泉への貝の進出」『タウリンリサーチ』5, 11-13.

佐藤孝子 (2014).『深海生物大事典』成美堂出版.

藤倉克則ほか (2012).『潜水調査船が観た深海生物：深海生物研究の現在 第2版』東海大学出版会.

藤倉克則, 木村純一編著 (2019).『深海——極限の世界：生命と地球の謎に迫る』講談社ブルーバックス.

Alfaro-Lucas, J.M. *et al.* (2017). Bone-eating *Osedax* worms (Annelida: Siboglinidae) regulate biodiversity of deep-sea whale-fall communities. *Deep Sea Res. II*, 146, 4–12.

Appeltans, W. *et al.* (2012). The magnitude of global marine species diversity. *Current Biology*, 22, 2189–2202.

Bright, M. & Lallier, F.H. (2010). The biology of vestimentiferan tubeworms. *Oceanogr. Mar. Biol. Annu. Rev.*, 48, 213–266.

Drazen, J.C. & Sutton, T.T. (2017). Dining in the Deep: the Feeding Ecology of Deep-Sea Fishes. *Annu. Rev. Mar. Sci.*, 9, 337–366.

Fujikura, K. *et al.* (2006). A new species of *Osedax* (Annelida: Siboglinidae) associated with whale carcasses off Kyushu, Japan. *Zool. Sci.*, 23, 733–740.

Fujiwara, Y. *et al.* (2007). Three-year investigations into sperm whale-fall ecosystems in Japan. *Mar. Ecol.*, 28, 219–232.

Gerringer, M.E. *et al.* (2017). Metabolic enzyme activities of abyssal and hadal fishes: pressure effects and a re-evaluation of depth-related changes. *Deep Sea Res. I*, 125, 135–146.

Haddock, S.H.D. *et al.* (2010). Bioluminescence in the sea. *Annu. Rev. Mar. Sci*, 2, 443–493.

Herring, P. (2002). *The Biology of the Deep Ocean*. Oxford University Press.

Jamieson, A. & Yancey, P. H. (2012). On the validity of the Trieste flatfish: dispelling the myth. *Bio. Bull.*, 222, 171–175.

Kobayashi, H. *et al.* (2012). The hadal amphipod *Hirondellea gigas* possessing a unique cellulase for digesting wooden debris buried in the deepest seafloor. *PLoS ONE*, 7, e42727.

Kouketsu, S. *et al.* (2011). Deep ocean heat content changes estimated from observation and reanalysis product and their influence on sea level change. *J. Geophys. Res.*, 116, C03012.

The Open University (1989). *Seawater: Its Composition, Properties and Behavior*, Butterworth-Heinemann.

Östlund, H.G. *et al.* (1987). *GEOSECS Atlantic, Pacific, and Indian Ocean Expeditions, Vol.7: Shorebased data and graphics*, National Science Foundation.

Srokosz, M.A. & Bryden, H.L. (2015). Observing the Atlantic Meridional Overturning Circulation yields a decade of inevitable surprises. *Science*, 348, 1255575.

Tomczak, M. & Godfrey, J.S. (2003). *Regional Oceanography: An Introduction* (2nd Edition), Daya Publishing House.

第6章

秋道智彌，角南篤編著 (2020).『海はだれのものか』西日本出版社.

池田清彦 (2010).『38億年生物進化の旅』新潮社.

蒲生俊敬 (1996).『海洋の科学：深海底から探る』NHKブックス.

小出 (2006).（第1章参照）

小林憲正 (2016).『宇宙からみた生命史』ちくま新書.

島村英紀 (2015).『火山入門：日本誕生から破局噴火まで』NHK出版新書.

高井研編 (2018).『生命の起源はどこまでわかったか：深海と宇宙から迫る』岩波書店.

Hirano, N. *et al.* (2006). Volcanism in response to plate flexure. *Science*, 313, 1426-1428.

Resing, J.A. *et al.* (2015). Basin-scale transport of hydrothermal dissolved metals across the South Pacific Ocean. *Nature*, 523, 200-203.

Takai, K. *et al.* (2004). Geochemical and microbiological evidence for a hydrogen-based, hyperthermophilic subsurface lithoautotrophic microbial ecosystem (HyperSLiME) beneath an active deep-sea hydrothermal field. *Extremophiles*, 8, 269-282.

Woese, C.R. *et al.* (1990). Towards a natural system of organisms: proposal for the domain Archaea, Bacteria, and Eucarya. *Proc. Natl. Acad. Sci. USA*, 87, 4576-4579.

第7章

蒲生俊敬 (2016).『日本海　その深層で起こっていること』講談社ブルーバックス.

佐々木忠義 (1963).「「アルキメデス」号による日本海溝調査」『La Mer』1(1), 15-19.

平啓介 (1987).「海溝の底層流の直接測定—海洋物理学の最近の話題」『地学雑誌』96, 429-434.

中井俊介 (1999).『海洋観測物語』成山堂書店.

ピネ (2010).（第1章参照）

Dreutter, S. *et al.* (2020). Will the "top five" deepest trenches lose one of their members?. *Prog. Oceanogr.*, 181, 102258.

Fujio, S. *et al.* (2000). Deep current structure above the Izu-Ogasawara Trench. *J. Geophys. Res.*, 105 (C3), 6377-6386.

Gamo, T. & Shitashima, K. (2018). Chemical characteristics of hadal waters in the Izu-Ogasawara Trench of the western Pacific Ocean. *Proc. Jpn. Acad. Ser. B*, 94, 45-55.

Glud, R.N. *et al.* (2013). High rates of microbial carbon turnover in sediments in the deepest oceanic trench on Earth. *Nature Geoscience*, 6, 284-288.

佐々木忠義編 (1981).『海と人間：ジュニアのための海洋学』岩波ジュニア新書.

高川真一 (2007).『インナースペース：地球の中を覗き見る』東海大学出版会.

ピカール, A.（富永斉訳）(1957).『成層圏から深海へ』法政大学出版局.

ピカール, J., ディーツ, R.（佐々木忠義訳）(1962).『一万一千メートルの深海を行く：バチスカーフの記録』角川新書.

Bellaiche, G. (1980). Sedimentation and structure of the Izu-Ogasawara (BONIN) Trench off Tokyo: new lights on the results of a diving campaign with the bathyscape "Archimede". *Earth Planet. Sci. Lett.*, 47, 124-130.

第4章

上田誠也 (1989).『プレート・テクトニクス』岩波書店.

中西正男, 沖野郷子 (2016).『海洋底地球科学』東京大学出版会.

Barnett, C. (2019). In depth knowledge: designing, testing, and building the world's most extreme ocean exploration tool. *Marine Technology Society Journal*, 53, 43-47.

Freire, F. *et al.* (2014). Acoustic evidence of a submarine slide in the deepest part of the Arctic, the Molloy Hole. *Geo-Marine Letters*, 34, 315-325.

Fryer, P. *et al.* (2003). Why is the Challenger Deep so deep?. *Earth Planet. Sci. Lett.*, 211, 259-269.

Jamieson, A. (2015).（第1章参照）

Jamieson, A.J. *et al.* (2017). Bioaccumulation of persistent organic pollutants in the deepest ocean fauna. *Nature Ecology & Evolution*, 1, 1-4.

Jamieson, A.J. *et al.* (2019). Hadal manned submersible. *Sea Technology*, 60, 22-24.

Jamieson, A.J. (2020). The Five Deeps Expedition and an Update of Full Ocean Depth Exploration and Explorers. *Mar. Tech. Soc. J.*, 54(1), 6-12.

Nakanishi, M. & Hashimoto, J. (2011). A precise bathymetric map of the world's deepest seafloor, Challenger Deep in the Mariana Trench. *Mar. Geophys. Res.*, 32, 455-463.

Schlitzer, R. (2016). Ocean Data View, http://odv.awi.de.

Stewart, H.A. & Jamieson, A.J. (2019). The five deeps: the location and depth of the deepest place in each of the world's oceans. *Earth-Science Reviews*, 197, 1-15.

Thiede, J. *et al.* (1990). Bathymetry of Molloy Deep: Fram Strait between Svalbard and Greenland. *Mar. Geophys. Res.*, 12, 197-214.

Thomson, C.W. & Murray, J. (1885). *Report of the Scientific Results of the Voyage of H.M.S. Challenger During the Years 1873-76, Narrative Vol. I.*

Young, J. (2020). *Expedition Deep Ocean: The First Descent to the Bottom of All Five Oceans.* Pegasus Books.

第5章

日比谷紀之 (2012).「深海の謎への挑戦」東京大学大学院理学系研究科地球惑星科学専攻ウェブマガジン、第3号（http://www.eps.s.u-tokyo.ac.jp/webmagazine/wm003.html）.

Broecker, W.S. (1985). *How to Build a Habitable Planet, Eldigio Press.*（邦訳：『なぜ地球は人が住める星になったか？』齋藤馨児訳 講談社ブルーバックス）

Fukasawa, M. *et al.* (2004). Bottom water warming in the North Pacific Ocean. *Nature*, 427, 825-827.

［参考文献］

単行本と原著論文の区別はせず、章ごとにまとめた。日本語と英語のものとに分け、筆頭著者（または編者）名を日本語のものは50音順、英語のものはアルファベット順に配列した。

第1章

木村学，大木勇人 (2013).『図解・プレートテクトニクス入門：なぜ動くのか？　原理から学ぶ地球のからくり』講談社ブルーバックス.

小出良幸 (2006).『早わかり　地球と宇宙：本当の面白さが図解でわかる！』日本実業出版社.

国立天文台編 (2019).『理科年表2020』丸善出版.

ピネ，ポール・R（東京大学海洋研究所監訳）(2010).『海洋学　原著第4版』東海大学出版会.

松沢孝俊 (2005).「わが国の200海里水域の体積は？」『Ocean Newsletter』第123号 海洋政策研究所.

山田吉彦 (2010).『日本は世界4位の海洋大国』講談社＋α新書.

Jamieson, A. (2015). *The Hadal Zone: Life in the Deepest Oceans.* Cambridge University Press.

The Open University (1989). *The Ocean Basins: Their Structure and Evolution.* Pergamon Press.

第2章

宇田道隆 (1978).『海洋研究発達史（海洋科学基礎講座補巻）』東海大学出版会.

道田豊ほか (2008).『海のなんでも小事典』講談社ブルーバックス.

第3章

朝日新聞社編 (1959).『アサヒ写真ブック85：バチスカーフ』朝日新聞社.

沖山宗雄 (1995).「世界最深部に魚はいるか」『JAMSTEC』7(4), 1-9.

蒲生俊敬 (2018).『太平洋　その深層で起こっていること』講談社ブルーバックス.

日下実男 (1971).『大深海10,000メートルへ』偕成社.

小林和男 (1986).『深海6000メートルの謎にいどむ』ポプラ社.

佐々木忠義 (1965).『深海の秘境』日経新書.

佐々木忠義 (1974).『深海の雪』共立出版.

[索引]

著者紹介

蒲生《がもう》 俊敬《としたか》 理学博士

東京大学大学院理学系研究科化学専攻博士課程修了。北海道大学教授、東京大学大気海洋研究所教授を歴任。現在は東京大学名誉教授。

【執筆箇所：第1〜7・10章、コラム】

窪川《くぼかわ》 かおる 理学博士

早稲田大学大学院理工学研究科物理及応用物理学専攻博士課程修了。東京大学大気海洋研究所先端海洋システム研究センター教授、同大大学院理学系研究科（三崎臨海実験所）／海洋アライアンス海洋教育促進研究センター特任教授を歴任。現在は帝京大学戦略的イノベーション研究センター客員教授。

【執筆箇所：第8・9章】

なぞとき 深海《しんかい》1万《まん》メートル
暗黒《あんこく》の「超深海《ちょうしんかい》」で起《お》こっていること

■二〇二一年三月八日第一刷発行
二〇二一年一二月二〇日第三刷発行

■著者――蒲生俊敬《がもうとしたか》・窪川《くぼかわ》かおる
■発行者――髙橋明男
■発行所――株式会社講談社
東京都文京区音羽二―一二―二一
郵便番号一一二―八〇〇一
販 売 〇三―五三九五―四四一五
業 務 〇三―五三九五―三六一五
■編集――株式会社講談社サイエンティフィク
代表 堀越俊一
東京都新宿区神楽坂二―一四 ノービィビル
郵便番号一六二―〇八二五
編 集 〇三―三二三五―三七〇一
■本文データ制作――美研プリンティング株式会社
■カバー・表紙印刷――豊国印刷株式会社
■本文印刷・製本――株式会社講談社
■ブックデザイン――坂 重輝（有限会社グランドグルーヴ）

ISBN978-4-06-522548-6
NDC452 255p 19cm

KODANSHA